生活因阅读而精彩

生活因阅读而精彩

空杯心态

一辈子受用的身心减压课

王蕾 吕荐 ◎ 编著

THE MENTALITY OF EMPTY CUP

中国华侨出版社

图书在版编目(CIP)数据

空杯心态:一辈子受用的身心减压课 / 王蕾,吕荇编著. —北京:中国华侨出版社,2013.2（2021.4重印）

ISBN 978-7-5113-3285-1

Ⅰ.①空… Ⅱ.①王… ②吕… Ⅲ.①心理压力-心理调节-通俗读物 Ⅳ.①B842.6-49

中国版本图书馆 CIP 数据核字(2013)第030832号

空杯心态：一辈子受用的身心减压课

编　　著 /	王　蕾　吕　荇
责任编辑 /	棠　静
责任校对 /	钱志刚
经　　销 /	新华书店
开　　本 /	787×1092 毫米　1/16 开　印张/19　字数/262 千字
印　　刷 /	三河市嵩川印刷有限公司
版　　次 /	2013年5月第1版　2021年4月第2次印刷
书　　号 /	ISBN 978-7-5113-3285-1
定　　价 /	49.80 元

中国华侨出版社　北京市朝阳区静安里 26 号通成达大厦 3 层　邮编：100028
法律顾问：陈鹰律师事务所
编辑部：(010)64443056　　64443979
发行部：(010)64443051　　传真：(010)64439708
网址：www.oveaschin.com
E-mail：oveaschin@sina.com

前言

这是一种由时代造就的焦虑症——有压力觉得累，没压力又觉得可怕。有很多人都被无意识的"成功"观念影响了。当今社会，有相当一部分人都信奉"工作第一、生活第二"这个原则，而他们也往往都是社会的积极分子，但在某种程度上来说，他们却压力重重。

中国经济的飞速发展，使人们在物质生活上得到了极大的满足，然而却也带来了很多烦恼。因为相较于以往，现在的生活更加复杂，诱惑更加多样。有的人不再知足常乐、安居乐业，反而变得不安于现状，乐于追求刺激，冒险求富。这是时代的悲哀，也是进步的悖论：即使如今的一代人比以前过得更加富裕、更加健康、更加长寿，同时也享有更大程度的自由，但是他们却承受着更大的压力，生活变得更加压抑。

在挑战与机遇并存的当今社会，有的人或为车为房，或为名为利，争得头破血流、你死我活。他们透支工作、透支竞争、透支情感，学业与就业两难全，工作与家庭也难以兼顾，物质与精神更是只能单面丰收，这造成了他们顾此失彼、身心俱疲的现状。再加上他们没有适当的排解压力的良方，所以就导致了精神性疾病和心理失衡。

所谓压力，并不是一种想象出来的疾病，而是身体处于"战备状态"时的反应，这是当人们意识到某种潜在的威胁性和在紧张状态时下意识做出的反应。当这种情况发生的时候，大脑分泌出包括肾上腺素等激素。肾上腺素通过血管流淌到身体的各个部分，当流到心脏、肺和肌肉的时候，一种特殊的生理反应就发生了，它就是"战备状态"。

你是否经常感到心跳加快、呼吸急促、肌肉紧张并准备行动？你是否总是胃里打鼓、手心出汗、心中不安？如果你的答案是肯定的，那么很遗憾，你已经处于"战备状态"了。此时你的身体保持着红色警戒状态，紧张不安和焦躁易怒等消极情绪一直存在于身体中，并随着遇到的每一件不顺心的事情不断积累上升，最终达到饱和状态，导致不良结果的发生。

现代医学证明，心理压力会削弱人体免疫系统，从而使外界致病因素引起肌体患病。而现代心身医学理论也认为，压力是影响疾病发生、发展和预后的重要因素之一。根据有关长期追踪研究报告估计，目前75%的疾病发生都与心理压力有着密不可分的关系。不仅如此，处于严重压力状态的病人，其病情会加重，并且也严重影响其预后。

所以，本书旨在为大家提供一些减压的方式，希望读者朋友们在阅读之后，可以找到适合自己的舒缓压力的正确方法，从而摆脱压力的侵扰，拥有健康的身体，拥抱美好的未来。要记住：压力张弛有度，生活动力永驻！

下面就让我们一起走入减压的世界，畅游其中，放空压力，放松身心吧。

Contents 目录

第一章 正视压力
——压力其实不可怕

方法 1：用正确的心态勇敢地面对任何环境 …………………… 2
方法 2：让自己主动勇敢，不要害怕 …………………………… 6
方法 3：笑对一切外界态度，因为那只是别人的想法 ………… 8
方法 4：了解自己，并面对真实的自己 ………………………… 11
方法 5：平静而努力地寻找小幸福 ……………………………… 13
方法 6：动态地看待生活，没有什么是一成不变的 …………… 14

第二章 控制情绪减压法
——心情舒畅最重要

方法 1：让苦恼随风而去，它不是生活的主角 ………………… 20
方法 2：学会控制情绪，远离坏心情 …………………………… 21

方法 3：抛弃恐惧，对抗焦虑 …………………………………… 26

方法 4：远离浮躁，把握好正确的前进方向 …………………… 30

方法 5：要满怀阳光地生活，要相信一切痛苦都会离去 ……… 32

方法 6：宽容别人，就是放过了自己 …………………………… 34

方法 7：平和地接受，顺势发展 ………………………………… 36

方法 8：善于调节情绪，事业也会蒸蒸日上 …………………… 37

第三章 调节心态减压法
——阳光灿烂最幸福

方法 1：拥有良好心态，世界如天堂般美好 …………………… 42

方法 2：心态积极，让心灵洒满阳光 …………………………… 45

方法 3：控制心态，增加愉快的生活体验 ……………………… 46

方法 4：看淡得失，保持微笑 …………………………………… 49

方法 5：退一步，海阔天空 ……………………………………… 52

方法 6：直面挫折，东山再起 …………………………………… 55

方法 7：学会和自己交流，激发内心的能量 …………………… 58

方法 8：活在当下，脚踏实地 …………………………………… 62

方法 9：失去也是一种拥有 ……………………………………… 66

第四章 自我暗示减压法
——给自己正向力量

方法 1：巧妙运用心理暗示法 …………………………… 72
方法 2：积极的行为，美妙的心情 ……………………… 74
方法 3：积极的暗示发挥积极的作用 …………………… 76
方法 4：困扰面前万不能消极对待 ……………………… 79
方法 5：让积极的种子在潜意识里生根发芽 …………… 81
方法 6：扼杀消极情绪于萌芽状态 ……………………… 83
方法 7：拥有弹性心灵，轻松摆脱压力 ………………… 85
方法 8：放弃与放下，收获新的人生 …………………… 90
方法 9：用信念打造强壮心灵 …………………………… 94
方法 10：克服自卑，超越自卑 …………………………… 99
方法 11：学会放下，减负心灵 …………………………… 102
方法 12：不要在想象中夸大事情的严重性 ……………… 105

第五章 社交转化减压法
——将压力转换成动力

方法 1：勇敢迈出海阔天空的第一步 …………………… 110
方法 2：不要庸人自扰，不要存在敌对心理 …………… 114
方法 3：在工作中要放低自己的姿态 …………………… 116
方法 4：人在社会，试着远离冷漠 ……………………… 118

方法 5：不要过分炫耀自己，这会令人生厌 …………… 120

方法 6：EQ 制胜，轻松与人交往 ……………………… 122

方法 7：主动释放压力，还予自己轻松的生活 ………… 125

第六章 琐事转移减压法
——气定神闲真轻松

方法 1：琐事降压有高效 …………………………………… 130

方法 2：用专注的态度来面对每一件事 ………………… 131

方法 3：勤动笔，释压力 ………………………………… 133

方法 4：勤动手，缓大脑，释压力 ……………………… 135

方法 5：花花草草更助心情愉悦 ………………………… 136

方法 6：饲养宠物，好处多多 …………………………… 138

第七章 宣泄释放减压法
——宣泄心中的不快

方法 1：及即时宣泄心中的不快，切莫堵塞心灵 ……… 142

方法 2：莫要自陷囹圄，用实际行动来释放 …………… 144

方法 3：向信任的人倾诉 ………………………………… 146

方法 4：让悲伤随眼泪散去 ……………………………… 148

方法 5：模拟报复行为释放情绪 ………………………… 150

方法 6：定期清空心灵垃圾 ……………………………… 152

方法 7：学会倾诉，找准对象 …………………………… 156

方法 8：笑容多一点，压力小一些 ················· 160

方法 9：建立积极的"心像" ····················· 164

方法 10：在"白日梦"中解放自我 ················· 167

第八章 瑜伽按摩减压法
——让身体彻底放松

方法 1：随时做一些小动作 ······················ 172

方法 2：呼吸运动减缓压力 ······················ 173

方法 3：多做健身操 ·························· 175

方法 4：保持心态平衡，达到身心和合 ··············· 177

方法 5：心理健康，才是真正的健康 ················ 180

方法 6：坚持"轻瑜伽" ························ 185

方法 7：有规律地进行松弛练习 ··················· 187

方法 8：每天进行减压练习 ······················ 189

第九章 静坐冥想减压法
——清心寡欲少压力

方法 1：读好书，减烦恼 ······················· 194

方法 2：走进大自然，聆听美妙的安静之音 ············ 196

方法 3：催眠疗法，解决心理问题 ·················· 198

方法 4：正确运用冥想，为心灵解压 ················ 204

方法 5：荷尔蒙会不会影响情绪 ··················· 207

方法 6：懂得节制，凡事把握分寸 …………………………… 210
方法 7：在良好的睡眠中修心减压 …………………………… 214
方法 8：淡然如菊，回归单纯 ………………………………… 218

第十章 运动休闲减压法
——把压力抛在身后

方法 1：运动带来好心情 ……………………………………… 224
方法 2：小动作改变大压力 …………………………………… 226
方法 3：在休闲中得到放松 …………………………………… 229
方法 4：敞开心扉，拥抱自然 ………………………………… 231
方法 5：放慢脚步，给自己留下充足的时间 ………………… 233
方法 6：适时卸下压力，积极享受休息 ……………………… 235
方法 7：摈弃一些无谓的忙碌 ………………………………… 240
方法 8：学会拒绝他人，大声说"不" ……………………… 243
方法 9：只有懂得休息，才能更好地工作 …………………… 246
方法 10：工作生活两不误 ……………………………………… 251
方法 11：正确并快乐地享用时间 ……………………………… 253

第十一章 音乐陶冶减压法
——让身心彻底空灵

方法 1：音乐如药，有效减压 ………………………………… 258
方法 2：在好音乐中舒缓压力 ………………………………… 260

方法3：放声高歌，消除压力 ·············· 262

方法4：在轻音乐中放松自我 ·············· 264

方法5：在音乐中消除内心的孤独 ············ 266

方法6：在音乐中实现意识转换 ············· 268

第十二章 饮食调整减压法
——成为生活的主人

方法1：吃走压力 ····················· 272

方法2：找到适合自己的早餐法 ············· 275

方法3：午餐既要吃饱又要健康 ············· 278

方法4：正确处理应酬，晚餐一定早吃 ·········· 280

方法5：夜宵吃得对，同样有益于身体 ·········· 282

方法6：合理饮食，生活规律，预防上火 ········· 284

方法7：饮食习惯很重要 ················ 287

第一章

正视压力
——压力其实不可怕

在当今这个飞速发展的时代，压力无处不在。无论在工作中，还是在生活里，人们常常都会感到压力过大而喘不上气来，也常常被易怒、焦躁、不安等负面情绪所左右。但如果我们只一味地逃避，那只会招致更多的压力向我们袭来。所以，我们应该正视压力，积极将之消除！

方法 1
用正确的心态勇敢地面对任何环境

百味人生，起起落落，当我们出生在这人世的那一刻起，就注定了我们已经成为这人生汪洋之中的一叶扁舟，更注定我们要随着汪洋中的波澜上下起伏。我们所有的人来到这世上，都是为了品尝这人生的酸甜苦辣，自然就会有时一帆风顺，有时失意难耐。其实在生命长河之中，每个人都会遇到距离自己目标有相当大落差的那一时刻，那么，不要悲伤，不要绝望，要相信这样的失意、痛苦、烦恼、彷徨都是暂时的，我们要坚信绝地重生的道理。我们首先应该要勇敢地面对自己，用正确的心态引导自己平和地面对当前的困难，并坚强地迎接生活中的各种不顺，这一刻的不快扛过去，下一秒的胜利就属于你！

年轻的辛巴本来是个快乐的富二代，从父辈那里继承很大、很富足的家业，一直以来他简直就像生活在天堂里。但前些日子由雷电引发的那场大火，毁了他的全部，爸爸留给他的那座庄园，瞬间成了灰烬。辛巴欲哭无泪，傻傻地看着这一片废墟，痛苦万分，这一刻，他陷入了绝望。

不知道如何是好的辛巴，第一想法就是找银行贷款修复这座庄园，然而无须怀疑的是，银行根本不可能放贷给这个一无所有的年轻人。辛巴只好求助于身边的亲戚朋友，但此时真是人走茶凉，没了金山银山，身边的人都不再相信他的家业可以东山再起，都以或多或少的冷漠，拒绝了他的恳求。一切道路都堵死了。辛巴一蹶不振，他觉得自己被上天抛弃了，绝望之中他天天酗酒，昏昏沉沉地入睡，混日子，满脸胡子拉碴地像个流浪汉一样得过且过。

直到辛巴的祖母知道了这件事，她是一个已经年过花甲的老太太，一生慈祥、不求名利。看到辛巴这样子堕落，她着实很急，于是她拄着拐找到了辛巴，语重心长地告诉他："亲爱的辛巴，就算在物质上你已经一无所有，也不可以放弃你心中的希望！孩子，让你的眼神重新明亮起来吧！希望就在前方照耀！"听了祖母的话，辛巴的眼睛顿时亮了起来，他知道自己应该振作起来，他又重新燃起了对生活的希望！

机遇总是偏爱乐观向上的人，辛巴自此每一天都非常积极地活着，并不断寻找机会。直到一天，他在大街上闲逛，突然看到街角的一家商店聚集了许多人，原来是大家都在排队购买木炭。顿时辛巴灵机一动，眼前一亮，他找到了新的商机——"废物利用"！于是在接下来的日子里，辛巴用仅有的一点点积蓄雇用了几名烧炭工，回去后把庄园里所有烧焦的树木都加工成了优质木炭，然后送到集市去卖，瞬间被抢购一空。由此辛巴赚到了他破产后的第一桶金，十分开心！随后他用这些钱购买了大量的树苗和肥料，把自己的庄园又重整了起来，过了几年，这个原本被大火烧毁了的庄园又重新变得郁郁葱葱了。

人生的起起落落很正常，我们应该以正确的心态去面对这些不幸和疾苦，相信所有一切的出现都是正确的，我们需要做的，只是充满希望地去面对和适应。一定要明确，所有的不顺利都是暂时的，我们心中的希望可以让那些不幸却步，脚下永远有新路，只要我们肯迈进！黑夜再长，太阳也会驱散阴霾；风雪再大，也会被暖风融化。

生命是有始有终的，从我们开始呼吸这世上第一口空气开始，就注定了在这生命长河中，我们要经历太多的是是非非、好好坏坏，到我们离开这世界的那一刻，会发现唯有此，生命才是完整的。而我们所经历的困难、耻辱，都会脱离我们的身体和精神，留在这个世界上，所有的一切都会过去！所以我们要相信自身的正能量，相信自己有扭转逆境的能力，只有自身对自己充满希望和勇气，美好的一切才会开始靠近。

在很久很久以前，曾经有一位非常强势的国王，最开始战无不胜，但他自始至终头脑中都能保持一份清醒，懂得"胜不骄、败不馁"的道理。为了敦促自己在思想上一直行得正，他把当时国内最有名、最有威望的一位智者叫到了宫殿里，请他帮助总结一句最富人间哲理、最具人生智慧的箴言，能够帮助自己在任何时候平复心情，保持空杯心态。这位智者在深思熟虑后，把这句话刻在了国王的指环内侧，并严肃地告诉国王，这句话饱含了世间智慧，不到万不得已，不要摘下来看，否则将失灵。国王很尊重智者的话，并一直照着他的话去做，始终没有摘下那枚指环去看内侧的字。过了不长时间，邻国入侵，国王带领将士虽奋战顽抗，却最终败北。顿时间，曾经的辉煌逝去，霸气不再，国王过起了四处逃亡、颠沛流离的生活。各地奔波、狼狈不堪的国王逃亡了一段时间后，变成了一个蓬头垢面的野人。有一次在河边喝水，国王看到了水中映衬着的自己的倒影，眼泪瞬间掉了下来。曾经的气宇轩昂已经不在，水中只有那个脏兮兮、目光游离、胡子拉碴的"流浪汉"在悲哀地看着自己。

突然间他想起了曾经到宫殿的那位智者，于是国王飞快地取下手中的那枚指环，看到指环内侧刻的那几个字" everything will be gone "（一切都会过去）。国王顿时眼前一亮，瞬间觉醒！他感觉身上有一股力量，越来越强大，于是他在死命追随他的将士们的掩护下偷偷回国，忍辱负重地潜伏在敌军部队，并暗中招集旧部强壮精兵，最终在韬略和勇谋的双重配合之下，赶走了外敌并收复失地，重振了光环！当他重新走回王宫的那一刻，泪水盈满眼眶，他喊来工匠，郑重地将指环里的那句箴言，镌刻在了自己的王位座椅之上。

　　没错，这世间所发生的一切事情都会过去，一切幸运，抑或是遭遇，无一可逃脱"会过去"这一客观存在的事实。年轻貌美的姑娘，也会老去；家财万贯的富豪，也会死去；受过灾难的土地，也会重建。一切发生了的，都会过去。所以，无论我们遇到什么事，碰到什么样的人，经历了一段怎样的人生，我们都应该视为平静，好的坏的，都是暂时的，我们只有坚强乐观地面对，拥有一颗大心脏，才会在任何环境中快乐生存。

　　回想一下我们的过去吧，是不是有过"快乐得想飞翔，痛苦得想撞墙"的时候？但是不论怎样，我们还是踏踏实实、平平安安地活到了现在，没有哪道难关是我们挺不过去的。就算前方路不平，就算四周险象环生，一个人的一生并非是注定的，命运也不可能让一个人永远顺风顺水，荆棘、坎坷，更或者险象环生。但是，我们要学会承受，要相信一切都是暂时的，学会"不以物喜、不以己悲"。平和地看待所有的事情和人物，只有这样的平静心态，我们才可以客观并且高效地面对所有的事情，顺境也好，危急也罢，一切都不会难倒我们。佛学总讲：看透一切，方能胜任世间浮华。讲的也是这个道理吧，不贪图富贵，不沉迷痛苦，坚强地面对所有，每天的太阳都会是新的。

方法 2

让自己主动勇敢，不要害怕

每一个民族都有自己的信仰，而这信仰也是心灵的慰藉，激励我们更加积极地去面对困难和恐惧。北美印第安人就信奉："勇敢面对恐惧，它们就会消退。"其实，我们都会害怕——遇到困难害怕，遇到阻碍害怕，遇到没有遇到过的，一样害怕。所以，只有主动地让自己很勇敢，告诉自己什么都不怕，才能冷静、客观地去选择应对的方法。恐惧所带给我们的，只有可能是正确的办法被压制，然后做了错误的选择，若是严重的话，我们的命运都有可能转变。

大家都知道萧伯纳，他是一个非常有名的作家，由于强烈的自信心，甚至会让人感觉他有些自负，所以我们在读到他的作品时，都会觉得其笔锋极其犀利，现实批判性极强。可事实上，萧伯纳先生曾经是个怯懦、脆弱的小人物……萧伯纳性格内向，有些害羞，为人处世总是不够自信。有一次，他需要向校长求助一件事，之前他已经在家里对着镜子练习了多次要以什么样的语言、姿态，甚至是举手投足去向校长表达意思。当他终于鼓足了勇气站在了校长室门前，举起手准备敲门时，却犹豫着又把手放了下来。不知道为什么，他就是觉得很害羞，总是怕说错话会被校长骂出来。

于是他转头打算离开，可走了两步又觉得不甘心，就这样反反复复很多次，最后终于一闭眼睛下定决心，鼓足了勇气敲开了校长室的门。事实证明，校长并没有责备他，反而在听了他的意见之后同意帮助他。在这件事之后，萧伯纳很是感慨，他总是害怕自己被别人笑话，总是悲观地想象自己在还没说话的时候就被人鄙视，害怕大家以为自己是在出风头，这种想法更是时时刻刻折磨着他，他不知道该怎么办，但是理智告诉他不能再继续这样下去了，否则自己什么都做不了了。于是这一次，他决定改变，首先，就是有直面的勇气，让自己主动勇敢。

第一个办法，就是在众人面前大声地讲话。一开始他非常害怕，全身都在发抖。后来他鼓足勇气，想着就算装也要装出来。于是他找到一个好办法，就是在演讲的时候直视正前方的空气，并把双手交叉在胸前，上身微微前倾，随后便不断延长自己演讲的时间。慢慢地，他一步一步从怯懦中走了出来，变得越来越自信，与此同时他也发现，自己自信了，反而更多的人愿意来到他身边，并听他说话。

所以说，我们应该勇于去面对自己的胆怯。其实，每个人身上都有怯懦的一面，重要的是自己能不能发挥自己的主观能动性来面对怯懦，而不能被其打败。事实上，人身上的劣根性造就我们越恐惧什么，什么就来袭得越猛烈。而如果我们越勇敢，努力去面对和克服，那么身上所存在的胆怯因子就会慢慢退缩、变小，直至消逝不见。其实不难想象，很多时候，我们都是夸大了未知事物的危险性，然而，越害怕就越害怕，随后恐惧便会一直跟随着自己，直到把自己的勇气和决心全部蚕食，然后令自己放弃选择，甚至是生命。有时我们会责怪命运的不公，为什么有的人能那么顽强地活着，而有的人却那么脆弱？其实这就是强者和弱者的区别。生活的强者，会以乐观的心态，主动抱持勇气去面对世间一切，那么好运气也便随之而来。而弱者只会屈服于内心的怯懦，一步步后退，最终被心中的怯懦压了气场，则再也站不

起来了。所以这也告诉我们,逢事变换角度看问题,变被动为主动,主观上勇敢面对,那么心中的怯懦就会退缩。

再比如,我们学唱歌,总觉得站在那么多人面前开口是一件多么难为情和尴尬的事,于是打了退堂鼓。其实是否被人嘲笑又有什么意义呢?我们如果能够换个角度来看问题:唱不好无非就是破音而已,别人最多一笑而过,而且不会一直记得自己的糗态,而自己练出了胆子,也学会了唱歌,这才是属于我们自己的收获。事实也证明,敢于开口的人,最终都不再怯场,而一开始就畏首畏尾的人,最终也开不了口。

其实我们都清楚,作为一个社会人,很容易被外界的喜怒哀乐所左右,而这些外在的东西,往往都会让我们一不小心就忽略了自己内心的真实想法。我们应该正视自己内心的作用,只有自己才能掌控自己的命运。若想做生活的强者,做自己的主宰,我们就必须正视自己的正能量,相信自己,不断给自己心理暗示,慢慢地勇气就会打败一直困绕自身的那种怯懦,我们就会变成真正的强者!而此时,如果你回头遥看曾经,会觉得那些曾经阻挡自己脚步的怯懦,原来是那么地微不足道。

方法3
笑对一切外界态度,因为那只是别人的想法

我们曾经读到过这样一则寓言故事:鹏鸟心中一直有个志向,就是能够拥有抵御大风大浪的能力,用强有力的臂膀飞向高空。它一直暗暗蓄积着能量,不像普通的雀鸟那样随意张扬歌唱,只是自顾自地锻炼着翅膀的承载力,

终于有一天飞向了太阳，搏击万里。而之前，在枝头休憩的那些个莺莺燕燕、知了、螳螂们，一直在嘲笑着大鹏鸟，讥讽它不知道享受，明明有可以落脚的枝头，却非要吃那么多苦去追随天空。

然而我们都明白一个道理："燕雀安知鸿鹄之志哉？"它们的讥讽嘲笑，只不过是见识短浅的表现，大鹏鸟的志在千里，它们怎么会理解呢？鹏鸟的坚持和无视负面嘲笑，最终让它赢得了胜利。其实这个故事无非是想借此说明，如果想做个强者，想有所成就，就一定不要被别人的想法所左右，就算是面对嘲笑，也要坚持自己的目标到底，外在的东西终归是外在因素，只有自己才能掌控自己的命运。

战国时期的苏秦，是非常有名的政治家，但是他幼年家境十分贫寒，连饭都吃不饱，说起念书，那简直就是再奢侈不过的事情。为了维持生计，也为了能够不间断读书，苏秦只能给别人打短工，甚至是卖自己的头发，凄苦无比。后来，他离开了家乡，来到齐国，拜鬼谷子为师。

然而年轻人容易轻狂妄为，尤其是苦过来的年轻人，小有成就很容易自负。苏秦也不例外，学问刚刚有一点点起色的时候，他按捺不住兴奋，速速告别师友，觉得自己可以撑起一片天空，想要大展拳脚，谋求功名利禄。然而现实的打击可以想象，几年后他非但没有得到想要的名利，却连身上的盘缠也花完了。于是他衣衫褴褛地回家了，非常狼狈。

妻子看到几年未归家的苏秦如此潦倒，十分失望，叹了口气，但是冷漠满脸可见。而嫂子更是毫不遮掩地表示对他的鄙夷，冷言冷语，甚至不愿意和他多说一句话。就连父母、兄弟姐妹也都嘲笑他，说出的话极其难听。非但没人同情他，反而变本加厉地奚落他。

苏秦堂堂一个大男人，受到这般侮辱，真的很难受，又伤心又惭愧，于

是终日把自己锁在房门里，颓废了一段时间。在这段自我反省的日子里，他深深认识到，自己之所以会有今天的耻辱，是因为自己不争气，太过好高骛远，还没有什么真本事就急于出去求成。于是，苏秦选择忽视他人的讥讽，重新振作自己，发愤图强，拼命读书，用心钻研，有时刻苦读书到深夜。

这样的艰苦过程磨炼了苏秦的意志，多年的沉淀，他博览了群书，学得很多真知。后来他行走六国，所撰写的"揣"、"摩"说服了多国君主，他获得了极大的成功，终于声名显赫，开创了自己的政治生涯。

生活就是这样，变化多端，时而顺利，时而遭挫，甚至就连嘲讽和讥笑，我们也会源源不断地碰到。但是面对外界的负面议论，人和人的应对方式却是不一样的。有的人会过于在意别人的看法，然后自身的勇气被他人的口水淹没，最终自暴自弃；但有的人却毫不在意别人的说法，反而奋起拼搏，笑到最后。所以说，若成强者，另一个因素便是，笑对生活挫折，坦对负面讥讽，我们会变得更坚强！

再说曾经的美国总统林肯，众所周知他生在鞋匠之家，而当时的美国，社会地位决定一切，所以当林肯参选演讲时，他的出身遭到了对手的讥笑，而林肯从容不迫地反驳道："我会永远记住我的父亲，我做总统却也无法像他做鞋匠做得那么好。"

林肯的从容和温和，令在场的所有人为之动容。在回顾父亲时，他流下了眼泪，他对父亲的赞赏和怀念之情无比感人，最终就连一开始嘲笑他的人，也对他报以热烈而真诚的掌声。

林肯的谦逊、看重感情、真诚为他赢得了众人的钦佩，最终被推举为美国总统。其实作为鞋匠的儿子，林肯没有任何社会背景，仅凭自身的才华、善良的心和很高的素质，被众人，以及在当时社会等级歧视严重的美国所认同。

美国的约翰逊总统，经历和林肯竟有着惊人的相似，他出身裁缝匠之家，也处在当时美国社会中地位较低的一族。在他的就职演讲上，人群中有个人大声地说："他只是个裁缝匠而已！"这突如其来的奚落没有让约翰逊有半点不快，他同样从容地回应："我曾经是个十分负责的优秀裁缝匠，我对工作认真负责，并且有极好的职业声誉，我对我的顾客也非常细心和周到。"当他微笑地讲完这番话，民众响起了热烈的掌声，而这段对自己的嘲讽，也便被掩盖了。

我们都理解，出身环境对一个人的影响确实很大，但随着社会的前进和文明的更新，我们也可以看到，一个人的努力和心态，往往可以抵御出身环境的不良影响。所以，当我们面对外人的挑衅、嘲笑、讥讽时，我们应该豁达地笑一笑，首先主动认识到自己的不足或是缺陷，随后要从容地面对，以包容的心态来对待人和事，并执着于自己的既定目标，一步一步走下去。就像我们这里所说的两位美国总统，机智、敏捷、大气，他们是生活的强者。

方法 ④

了解自己，并面对真实的自己

年轻的李亦非开朗、热情，最近刚跳槽去一家外企。由于他个性非常外向，所以他很喜欢和别人交流，也喜欢向别人回顾起"曾经的自己"。

他对新同事说，几年前，刚刚大学毕业的他，非常不容易地找到了一份工作，但是由于年纪小没经验，只能做个实习助理，但是他丝毫没有因为工作职位低而有任何抱怨，反而更努力地去积累、锻炼自己。他每天都第一个

到单位，细细把一天的工作安排好，下班也是最后一个走，要圆满完成一天的工作之后才放心离去。他的努力被领导们看在眼里，破格提前让他转正，由此他更加努力了，协助领导做好做细每一件事，得到了公司所有人的认可。即使在他离去的时刻，也是有众多人不舍，就连领导都表示，如果他留在公司，会给他更好的平台。

新同事们听李亦非这么说，都对他表示十分佩服。然而，如今网络太发达了，这让许多的欺骗、谎言、夸张都无处遁形，李亦非的一个现任同事通过社交网络，偶然地遇到了自己多年未见的同学，而这同学，又恰恰是李亦非以前的同事，自然，他之前和同事们所吹的牛，不攻自破了。原来他在以前的公司只不过是工作表现良好，但是既没有被提前转正，也没有被领导挽留。

这件事成了笑柄在公司里被传遍，李亦非也觉得无地自容。当然，这件事他有很大的责任，人生何苦要假装？夸大了自己的优点，却被别人识破，这也让大家对他产生了不好的印象。

其实我们很多人都愿意在别人面前推销自己，这意味着会或多或少地夸大自己的优点，这本无可厚非，但是，人生就是人生，做真实的自己要比极力地粉饰轻松愉快得多。

所以我们应该正视自己，无论我们用多高倍数的放大镜来看自己，就算仅仅是为了让自己在别人面前表现得更加光鲜一些，但事实是什么样，无法改变，我们倒不如扔掉这个夸耀自己的放大镜，摘下这厚厚的面具，就做真实的自己，反而会快乐很多，而且，人们都更喜欢和真实的人交往。

方法 5

平静而努力地寻找小幸福

幸福是什么？常常有人会这样问自己、问别人，幸福不是黄金白银，不是爱马仕和LV，也不是豪宅和跑车。其实，幸福只属于自己，也就是当前文青和小资们常常挂在嘴边的那个词——"小幸福"。

那到底什么是"小幸福"？有人说："幸福就是晚上加班回家，老婆端上热气腾腾的饭菜。"也有人说："我今天早上在街上买了许久没吃的煎饼，还摊了两个鸡蛋，好幸福。"还有人说："我每天早上都起不来床，今天居然闹钟在我起床之后才响起来，好幸福！"是的，这些都是我们的"小幸福"，在生活中触手可得的事情，实则比那些个金山银山的，要令人感觉幸福得多。然而在现实的社会中，有不少人都会羡慕、嫉妒那些物质富有的人们，觉得那样的人很光鲜，那样的生活很多彩，觉得有车、有房、有钱就是幸福的全部。事实上，大起大落的经历不是生活的主轴，大多数人都过得是平平淡淡，生活中有开心，有不快，有吵闹，有欢笑。我们应该看到和认识到那些个和我们有关的小幸福，那样生活才会越来越美好。有多少人看不到身边的微小幸福，不觉得看看书、写写字、聊聊天，哪怕是生气、吵架，那也是幸福。

生活其实真的很简单，只是我们把它复杂化了，我们可以按照实际的需求去追求幸福的高度，但一定要找到自己的幸福。有些人追求豪车洋房，觉得那是幸福，他们可以抛弃所有去追求这些东西。但并不是所有人都适合这种"幸福"，所以我们只要找到能让我们高兴的，一定不要盲目去复制别人的生活和需要。想象一下，一个在宝马车里哭泣的女人，你会觉得她很幸福吗？

所以，放宽心，放下该放弃的。生命很短暂，很有限。我们去选择属于自己的幸福吧，让压力小一点，欢乐多一点，其实，这就是我们的"小幸福"了。我们的心灵是一片土壤，撒下幸福的种子，认真灌溉，它就会发芽，给我们最幸福的回报。

方法 6

动态地看待生活，没有什么是一成不变的

现实的生活总是充满了变数，而作为都市人，我们也会有各种各样的烦恼。有时候我们会无缘无故地给生活贴上标签，比如"领导不喜欢我"，"股市就是赔钱的"，"我语文就是学不好，一考试就不及格"，"为什么我总是那么倒霉"，等等。可是又有谁知道，这些所谓的"标签"其实都是我们对自己、对生活的暗示，而这些暗示，会或多或少地影响我们的生活，潜意识里腐蚀我们的幸福。

所以我们一定要动态地看待身边的一切事物。

曾经有心理学家做过这样一组实验，让不同年龄、不同国籍、不同性别、不同家庭及社会背景、不同学历的男女来品尝两瓶红酒，然后选出自己最爱喝的那瓶。实际上这两瓶标明天壤之别价格的红酒被心理学家们做了手脚，那瓶标价贵的，其实是放了劣质红酒，而标价便宜的，则是上好的拉菲。然

而当统计结果出来，不出所料，90%的人都觉得标价高的那瓶口味更好。

这个案例足以说明了"贴标签"对我们生活的影响有多大，人们对事物的理解和态度，往往影响了真实的判断。

这种例子不在少数，在生活中，我们通常会觉得贵的就是好的，好看的食物必定好吃，形象好的必然有人缘，等等。在现实生活中，我们往往因为过去的经验或者别人所传授的经历，形成一种僵化的思维态势，从而以此来判断其他的事物。而事实上，这些判断却不一定是正确的，由于感觉的作祟，所有人都会以此来进行思想和行为，所以在判断事物上很容易产生由感觉而引发的偏差，这必然会影响到我们对现实生活的真实了解。所以，我们应该客观地面对我们所看到和感知到的事物，不要过于感情用事，不要给自己、给生活贴上僵化的标签，记住一切都不是一成不变的。

有个女明星，说话特别嗲，长得也漂亮，看到她的样子，人们经常会把她往"花瓶"上靠，无论她多么努力地去提高演技，大家也摆脱不了对她的旧有态度。直到大家在公众访谈节目中得知她生活中的真实一面，原来她是国外某名牌大学的双学士，还读过很多历史、哲学的书籍。

其实，作为一个自然人，我们或多或少都带有劣根性，这种劣根性就表现在我们容易只看到表面，用旧有的经验去判断第一次认识的人。也可能因为对方一句话、一个眼神或者一个动作就给一个人下了定论。但事实上，只有深入交往的两个人，才能从日常的生活中发现真实的对方。所以，我们应该更客观地对待人和事，千万不要僵化思维，才能发现生活其实是很多彩的。

避免思维的固定模式，我们要更灵活地看待事物。

计算机系统的更新换代跟随当前科技发展及潮流的趋向，所以速度非常之快。微软在推出win7系统时，身边很多年轻人都迫不及待地尝试，即使新系统的界面、指令和我们已经习惯的winXP系统不太一样，但由于它的速度非常快，工具也更加便捷和人性化，还是被很多人所追捧。可是，有些公司里的一些领导却不去用，理由是习惯了老系统的运作，学习新的功能和指令会耗费时间，万一把事情弄糟就不好了。

其实这种意见也恰恰代表了生活中大多数人的想法。不愿意去接触新的东西，因为旧有的僵化思维已成了定式，不愿意尝试新的，不愿意改变过去，这往往就会束缚了我们前进的脚步。就像我们一出生就习惯了用右手去做一切事，吃饭、写字，等等，久而久之就觉得本来就应该是这样，却不知是因为习惯了右手做事而养成了一种依赖，而忘却了其实左手也拥有同样的功能。

如果长时间僵化在一种思维定式里，养成了一种对身边已有事物的依赖习惯而停止前进，那么最终我们的生活会走进瓶颈，甚至走投无路。

追求一种完全固定的生活方式或许会让我们因为轻车熟路而感觉轻松，但是要知道这只是暂时的。因为世界在变，人在变，那么我们旧有的思维模式也应该与时俱进。就像我们在山路上行走，被踏平的那一条路被习惯性地认定是唯一一条可行之路，那么人们都会循着这条路走。却不知道，这条路最开始也是被人开辟出来的。这种过于依赖习惯的行为会让我们变得懒惰，丧失创新能力，最终限制我们的发散思维。试想，千篇一律完全没有变化的生活，还会有快乐吗？

所以，我们应该积极起来，突破自我，抛却旧有习惯，享受快乐人生。

其实生命就是在一个又一个的创造中度过，我们的快乐、忧郁、悲伤，全都源自于做不同的事情所得到的结果。请不要认为一种不变的习惯就是生命的主线，也不要给自己下定义，认为自己不是科学家，没有130的智商，就不能开发、创造新鲜事物，更不要认为自己无潜力可挖。想想那些小小发明家，不都是在日常生活中开拓思维的结果吗？只要我们没有那么多的杂念和对自己的限定，勇敢地去尝试和接受新东西，我们的头脑会越来越灵。

没有什么不幸，那都是自己给自己的怨念。

好多人总是抱怨自己的命不好，没钱、没貌、没事业，然后每天都是一脸的怨相，其实，这都是自己给自己贴上了命运的标签。我有个朋友叫娇娇，一个娇小惹人怜的小女孩。其实在外人来看她长得真的很漂亮，白白的肌肤，清秀的五官，可她总是抱怨自己的人生就是个"杯具"。众人都不能理解这样一个女孩为什么还会有这样的想法。她又总说，自己运气总是不好，仿佛是一出生就已经注定了坎坷的人生，于是她的生活中只有抱怨，而且不相信生命中有任何可喜的事情发生。比如说她曾经拒绝过一个有车有房的"高富帅"，理由竟然是："我的运气这么不好，他怎么可能看上我呢？一定是场梦。"一段可能很美好的姻缘就在她的犹豫中完结了。娇娇的想法令大家咂舌，何必呢？如果我们一个不留神就给自己贴上了标签，然后就按照这条路循进下去，于是由于惯性法则，一切就会越来越不好。千万不要给自己负面的暗示，诸如："我天生就不是块学习的料。""我就没有那个好命。"等等。时间久了，本该属于自己的幸福，也被忽视掉了。其实说真的，老天爷没有那么多的精力和时间去追着一个人让他一直倒霉，所有所谓的"倒霉"、"不好的命运"全是我们自己给自己制造的。我们应该做的，只是平静地等待幸福的到来，一定不要主动给自己贴上了负面标签，而将到来的幸福拒之门外。

幸福的到来总是悄无声息的，我们只有慢慢去品味。如果能够寻找到它，

就要好好地保护和珍惜，千万不要一味地怀疑。其实，是你的，它就是你的，饱怀信任地看待身边的事，我们就会得到幸福，切忌用暂时的坎坷和失败为自己贴上否定自己的标签。

第二章

控制情绪减压法
——心情舒畅最重要

痛苦过一天是过，快乐过一天也是过，那我们为何不让自己的每一天都充满阳光、积极向上呢？学会控制情绪，远离消极心情，把握正确的前进方向，让自己每天都保持舒畅的心情，拥有更加美好的生活和前途似锦的未来！

方法 1
让苦恼随风而去，它不是生活的主角

你是不是时时有这种感觉，就是觉得特别累、特别辛苦，每天回到家就想睡觉，而早晨又起不来？是的，这就是我们现代人的通病。

曾经有一位中年男士来到庙宇，请教一位方丈，为什么自己觉得不快乐，而且体力一天比一天差？去了医院查询也得不到任何结果，大夫只是说营养不良和虚火旺，开了几服药也不见效。方丈给了他两张白纸，让他对称着写下烦心事和快乐的事，不一会儿，两张纸就被他写满了。方丈拿来一只杯子，里面盛满了清水，然后点入一滴墨水，那墨水很快散开不见。方丈对他说："你的烦恼就是这墨水，生活就是这清水，烦恼越多，清水越浑浊。然而反过来，把那些烦恼随意抛掉，别让它成为你生活中的主角，自然你的生活也就清亮了。而且你看，你写了同样多的烦恼和快乐的事，它们势均力敌，你生活中的清水自然很浑浊。"

的确，现在我们的生活压力很大，每个人都像背负着一座大山，亚健康、不愉快，各种烦恼围绕着我们，总觉得生活中处处都是不如意。可事实上，生活本没有那么多痛苦，只是源于我们自己放大了这些烦恼，觉得难以承受，久而久之，就会让自己更加烦恼，直至无法喘息。看看上面故事中那杯清水，这才是我们生活的本来面目，而代表烦恼的墨汁，其实少量的情况下根本微不足道。想想我们所经历的事情，今天我们工作不顺心，因为一个小错误被领导大骂，这当然不代表自己一事无成，工作中的不快更不应该带到生活中去。还有那些做生意赔得倾家荡产的人们，但顽强活下来之后也会发现，钱不都是身外之物吗？有人，就会有钱。千万别用暂时的痛苦去交换原本快乐的生活，更不要无限放大眼前的不幸，因为那些都会过去的，它们不是生活的主角。

有句成语叫"庸人自扰"，因为烦恼不会自己跑去找你，而只有你主动去找它。的确，现实中的压力不能忽视，但是失败、焦虑等，那都是暂时的，我们应该平和地对待这些不快，虽然不能不看不想，但也不能太过于重视，而让自己背负上沉重的枷锁。我们要以正面的心态去面对，让自己生活的杯子里装满清水，生活中允许墨汁的存在，但它只是一滴不成气候的墨水而已，一定会被我们快乐的常态所稀释。

方法 2

学会控制情绪，远离坏心情

刘强是一家医疗保健器械公司的销售总监，在市场走势较好的时候，收入很丰厚，当然压力也很大。但是近两个月，由于竞争对手越来越多，产品打起了价格战，他们公司的销售业绩连日下滑。他很担忧，也很烦闷。终于有一天，老板把他请进了办公室，并对目前的情况和他的工作状况做出了严肃的警告。刘强很焦虑，他深知继续这样下去，他的饭碗会不保。

面临失业，刘强十分焦躁不安，内心很忐忑。而在工作中他只能表现得冷静、睿智、精干，因为他还要带领整个销售团队，他不能让已经不稳的军心再出异况。然而回到家，他感觉彻底崩溃了，急红了眼的他见杯子砸杯子，见椅子踢椅子。

刘强的妻子在家看到这一幕，真的吓坏了。虽然她知道丈夫心情不好，但也不能为他做什么，只能眼看着他一个劲儿地发泄，自己默默地收拾起地上的碎片。然而刘强的气就像是发不完，突然间矛头就对准了妻子，数落了她一堆的不是，诸如不洗碗、不叠被、不买菜，任何生活中鸡毛蒜皮的小事全被他拿出来数说一番。终于妻子按捺不住，也发了火，俩人就像咆哮的狮子一样大吵了一架，家里也杯盘狼藉，满屋子都是火药味，一宿都没缓过来。

其实我们在生活中面临着许多的压力，也有很多危机，这些负面的事态都影响了我们的内心，烦躁、焦虑、自卑、恐惧等，每个人都会为这些事所累。然而我们如果就这样放任坏情绪的恣意妄为，那么它们就会控制着我们的一切，当负面态度带进了生活中、工作中，可想而知后果有多么地不堪。所以掌控自己的不良情绪，懂得克制，才能去做一些事情消除它们对自己的不良影响。

如果产生了坏情绪，我们就要机警起来。因为如果处理不好，它便是一切恶性循环的起点，造成抑郁、心态不佳、厌世等，这些烦恼久而久之地堆积在身体和大脑里，生活中将再没有色彩。刘强的例子就可以说明这个道理，不过是因为工作不顺，情绪积压得很痛苦，但是回到家以后他没有克制，而是选择了找妻子发泄，结果演变成家庭的战争，谁也不开心。这不仅让大家的身体和精神都有所消耗，更重要的是对他的工作于事无补，反而使其更加不顺利。带着不稳定的情绪工作，恐怕怎么都不会进步。

我们知道，无法控制坏情绪，不单单是心情会跌落谷底，工作会出现失误，更严重的是，会影响我们的身体健康。

张总是一家券商的老总，面对越来越激烈的竞争环境和越来越差劲的市场走势，张总每天都不得好睡，而且一天到晚都有很多事情要操心，半年的时间，白头发多了不少。

而最近，由于自营业务量的下滑，他连续几个晚上都没有睡觉，熬夜审批计划方案，压力很大，终于他觉得头晕、胸闷、气短。一开始他并没有在意，还在继续透支着健康，直到有天晕倒在办公室。送到医院才知道，自己患上了冠心病，多亏抢救及时，要不小命都难保。

年仅40岁的他怎么会得冠心病呢？医生很严肃地告诉他，这个病和年龄无关，和压力有关，如果再继续这么强熬下去，压力又不得以排解，最终的结果只有一个。医生的话让张总毛骨悚然，非常害怕。原来压力和坏情绪可以严重到威胁生命，自此他开始注意自己的身体健康，再也不敢大意了。

所以说，千万别以为自己年轻，身体机能好，就可以不注意健康，尤其是当前社会GDP创造的中坚力量——20~40岁的青年，所扛的压力确实也是最重的。所以，一定不要忽视自己的工作压力所带来的坏情绪，因为它严重到威胁你的生命。

压力造成的坏情绪及精神紧张等，对身体的破坏作用是极其强大的。每一个外界事物给我们造成的不良情绪，如紧张、嫉妒、愤恨、恐惧等，都会让身体产生一种毒素，而这种毒素，严重威胁着我们的健康，很容易让我们得各种各样的疾病。所以我们一定要重视起坏情绪带来的负面影响，如果有一天发现身体不适了，除了要去医院查看生理，更要正视自己的心疾。一定

要记得，压力过大会毁了我们的生活。

我们常见的一种负面情绪，可以导致我们心态的失控，那便是愤怒。这种情绪很常见，也很可怕，因为它的产生和消失往往只在一念之间，而这一念，就有可能造成人的不理智，并毁掉一切。

愤怒往往来源于自己的愿望受限，比如想得到一件东西得不到，想做成一件事情做不成。在工作中、生活中和各种各样的人接触，都难免会有被他人指使做事，或者被逼迫去做不愿意做的事，再或者是自己千辛万苦做成了事却被别人抢了功，等等。这些都是愤怒情绪的来源点。

这种坏情绪可以使得至亲的人因为争吵成仇，也可以让自己的同事关系变得很紧张，影响工作效率和公司形象。而与其他的负面情绪相比，愤怒往往更容易逼人走入绝路，让人冲动，丧失理智，使得一切都变得不可收拾。可是又有谁知道，没有控制住的愤怒，不单单是对周围有影响，深受其害的反而是自己。

有研究表明，愤怒对身体的伤害无比巨大，会引发心律不齐、高血压、冠心病，等等，更甚者产生情绪低落，严重至抑郁症，等等。由于我们都是社会人，身边充斥着各种各样的交往对象，所以如果一旦没能控制好自己愤怒的情绪，还会破坏身边的人际关系，所以说，控制好情绪，才能控制自己。

既然我们都已经知道了愤怒这种情绪的破坏性，那么如何能做到事前控制呢？接下来我们介绍几种方法，希望可以帮助人们摆脱愤怒，也省却因为愤怒而做出追悔莫及的事情。

第一，强迫自己离开当前环境

已经在愤怒的边缘了，怎么办？深吸一口气，转过身，迈着轻盈的脚步，离开当前的环境，走到新的地方。避开人群，找一个清静之地，再呼吸一大口气，让心慢慢静下来。你会发现，思绪越来越清晰，人也会越来越冷静，随后愤怒的情绪也会被压制住。这便是环境法。试想继续在出离愤怒的边缘停驻，那么情绪会越积越深，最终造成无可收拾的局面。

第二，去做点自己喜欢的事情，分散精力

如果你喜欢画画，或者喜欢美食，再或者喜欢逛街，那么平静下来之后就去做这些事情，随后心中原本要发起来的愤怒情绪就被转移了，心情马上就好起来。因为一种心态被另一种心态所取代，人也回归了平静，可以继续冷静思考，那么愤怒便无处落脚。

第三，要学会克制自己

一般小孩子很难克制自己，那是因为他的生理和心理发育都还不够完全。但作为成年人，其实是可以有意识地控制自己的。当我们受到外界刺激，大脑皮层中的兴奋点就会被激发，引得我们想要发泄，甚至是失去理智，随后也可能会造成不可挽回的后果。无论平面媒体还是电视媒体，都不乏一些因为愤怒而造成的纠纷，最终可能会在一怒之下砍伤人酿成杀人惨剧，其实，如果能够有意识地克制自己，这些事情就都不会发生了。这里有一个很有效的方法和大家分享一下，当遇到让自己很愤怒的事情，觉得马上就要控制不住脾气的时候，闭上眼，默数三个数，再咽下一口口水，把嘴角向上扬，再不行就掐一下自己的大腿，让身体疼痛转移情绪压力，这样我们就能克制住了。这种办法是让成年人有效地运用自己的理智，去抑制外界给大脑带来的刺激，以防止做出冲动的事情。

第四，有效运用意识进行情绪控制

不难发现，意识的带领是有效的，就好比心理暗示。我们可以根据自己的习惯找到适合自己的方法进行情绪控制，比如，有的人在写字台上写上大大的两个字"息怒"，每当看到这两个字时，自然而然就冷静下来了。这个方法需要我们有很好的道德修养和很强的意志，可以平息即将点燃的愤怒情绪。

第五，给自己一个不生气的理由，让愤怒远离身体

就人的自然生长规律而言，愤怒和消气都是情绪的正常代谢，心理平衡也是需要通过情绪的循环来维持的。可能我们会奇怪为什么有些人从来不生气？其实他们不是不愤怒，只不过是有技巧地从其他的渠道让气消散。其实说到底还是一个人的宽容度有多少，比如某人的一个行为叫你很生气，很想发怒，但回过头来想想平时大家的相处，他也曾对你付出过真心，大家也曾彼此友好相待，那份怨恨是不是就消散多了？确实，我们不能避免愤怒，但是我们可以让自己虚怀若谷，有了撑船的度量，自然也会包容那些令自己愤怒的人和事。

试想，如果我们在工作中丧失了冷静，被愤怒所控制，很有可能带来严重的后果，比如人际关系恶化、工作出现失误，等等，过大的压力还会造成身体上的不适，这些都威胁着自己的职业生涯，所以说保持良好的心态，尽量不烦不恼，会使我们的生活越发愉快。不妨试试上述办法，让自己远离愤怒和焦虑。

方法 3

抛弃恐惧，对抗焦虑

在竞争越来越激烈的今天，人们都有很强的压迫感和对职业的一种恐惧感。而这在大城市里尤为明显，据某调查显示，有七成白领会在日常中存在紧张、焦虑感，并且不喜欢自己的职业。当工作仅仅成为了谋生手段，那么随之而来的，肯定是巨大的压力。

张先生最近突然有了一种"工作恐惧症",每天都不想去上班。起因原来是因为公司领导太多,每一层级的协调都很复杂,他精疲力尽,却还是无法做到让各方都满意。而前些天,他更是被某一领导的无名火打到,成了出气筒。张先生心里很不爽,但又没办法,于是对上班产生了一种抵触情绪,而这个领导他也是从本质上抵触去和其接触。

作为律师的冉女士近来心力交瘁,夜夜失眠,究其原因,竟然是因为随即而来的几项晋级考试。因为所在事务所人才济济,如果这次考试不能顺利通过,那便意味着她没有颜面继续在公司待下去。竞争的压力让她吃不好睡不好,就连学习也不能集中精力,甚至身体上也出现了不适。

事实上,人们越紧张压力就越大,而对于工作中的那种恐惧感也是日益加强,就算是明知道这种恐惧感的存在没有任何意义,却仍然觉得很害怕,这就是压力带给人们的负面作用。

我们每个人都有害怕的人和事,这种恐惧只是人们心态的一种反应,和开心、悲伤没有什么区别,但是如果长久以来不能正确地调整这种感觉,或者任其发展,那么最终也会演变成疾病。

有的人一旦感觉自己被恐惧感包围,就会毛骨悚然,从精神上就开始害怕,然后运用各种方式,希望能够排解或消除这种感觉。此时很容易采用一些不健康的治疗方式,比如饮酒、抽烟等。或许这些外在行为可以缓解精神上的紧张,但这些也只是治标不治本,对于克服恐惧而言,没有任何作用,反而还增添了更多的社会问题。

这种消极情绪一旦产生,必然伴随着其他的情绪,如紧张、烦恼等。此时人的精神会受到重大的损伤,因为大脑皮层始终处于高度恐慌状态,随后

意识会变得狭隘、模糊。有的人会丧失基本的判断能力，甚至丧失理智及自制力。严重的还会波及到生活、学业和事业。

由此来看，与负面情绪开战，对抗焦虑是必须的。下面介绍几个方法，希望可以帮助大家摆脱压力之下的不良情绪。

第一，看得到自己的优势

我们都知道，人越自信，就越勇敢。我们也看到，那些自信满满的人，很少会产生恐惧感和焦虑感。所以，我们应该让自己更自信一些，掌控自己的情绪，那么恐惧和焦虑的情绪就会远离我们。可是如何让自己更自信？其实每一个人身上都是优缺点并存的，每一个人身上都有闪光点，这，就是自信的来源。我们应该明确自己的长处，并发扬这种优势，一定不要用自己的不足去比较别人的优点。比如公司的企业文化座谈会，有的人口才很好，口若悬河、侃侃而谈，但有的人虽然平时劳累，干的活很多，但只因为笨嘴拙舌，而失去了表现的机会。但是我们可以弥补，嘴笨的人可以在开会前做足了准备工作，可以写下发言稿多背几遍，熟必能生巧，第二天的发言肯定也可以很出色。这就是我们的长处，相比懒惰的人来说，我们也可以得到更多机会。

所以说，要完全明白自己的优势，那么成功就不会遥不可及。更多的自信，意味着更多的喜悦，那么成功的机会就多一些，就近一些。自信心的养成需要时间，我们要耐心地培养自己的自信，消除恐惧和焦虑，客观地看待自己的不足，并用优势去弥补它。

第二，知识面越广的人，越勇敢

我们之所以会恐惧、会焦虑，多半是因为自知比不了其他人，自知自己与别人之间的差距，说白了就是自卑，随后便把自己限制在一个小小的圈子之中，面对竞争选择逃避。其实，我们应该学会从容地面对自己的失误，即使犯了错误也不能退缩，要勇于担当、再度学习，并加以改正。

因为无知，所以恐惧；反过来也可以说，因为知识渊博，所以无所畏惧。扩大知识面，可以丰富自己的见闻，提高对周围的认知，有助于我们正面确立目标，并少走弯路，以及增强对突发事件的应变能力。这一点操作起来其实很简单，有针对性地多读一些好书，学会倾听朋友的聊天，对不懂的知识多问几个为什么，这样无形之中就会接触很多新知识，也会增强自己的自信心，而对于负面影响的承受力也会更强。

第三，相信自己的力量，勇于将想法付诸行动

书本上的知识对于我们整个的人生来说只是一方面，更多的东西在于我们自己通过实践而得出来的真知。试想一下，任何事情我们都勇于去尝试一下，克服因为未知而带来的陌生和恐惧，并且从容地理解和真正认识这些原本我们不知道的真知，那么内心的恐惧又怎么会继续留存？

想要战胜自己，要自己变得勇敢，就要鼓足勇气，相信自己，在真实的生活中以不断磨炼的方式来踏遍未知，那么恐惧感也将荡然无存。比如，在生活中，我们不应该完全中规中矩，毕竟未踏入的领域有很多，趁着年轻，可以多尝试、多长进，即使环境艰苦，也要忍受和支撑。在这样的磨炼之后，你会发现，就算是遇到比此更艰难的状况，也可以同样面对并沉着冷静。

第四，莫要太在意微小恐惧，去战胜它

工作和生活中，总有未知恐惧，不要太在意，先从微小而又容易的事情来做起。就好比在工作的时候，我们经常要在楼道、食堂甚至是卫生间里遇到领导，虽然我们是那么地想逃避，不想面对，甚至感到恐惧。那么从今天开始，我们勇敢面对这种情形，不要怕，不要紧张，微笑地向他打个招呼，展现我们的热情和自信。时间长了，自信会重新回到我们身上，而上司，也会对我们有了更正面的看法。由小事做起，慢慢地大事情也会做好。

方法 4

远离浮躁，把握好正确的前进方向

现如今，生活节奏如此之快，工作忙碌、生活紧张，甚至压迫得我们喘不上气来。这似乎已经成为了社会的常态。如今，生活和工作中追求高效率更是占据主流。

在这样的社会中，人们也相应地变得有些浮躁，激烈的竞争和过大的压力是主要原因。为了适应竞争，人们就要依靠双手去努力争取。在如今的情势之下，坐享其成已经是不现实的了。

浮躁会让人迷失方向，我们应该以正确的心态去面对。从心理学的角度来看，浮躁代表了冲动和盲目，是由复杂情感交织而形成的一种情绪。这是因为内在的不安所引起的多重情绪状态交织而形成的特质，这其实是与"踏实"相对立的。所以我们要学会控制自己，谨防在瞬息万变的社会中迷失了自己。

攀比，这也是造成我们心态浮躁的一个重要因素。因为攀比，所以不满足于现状，所以不能踏踏实实面对现状。从而一旦有了诱惑的出现，我们就会像伊甸园里的亚当、夏娃一般，难以控制地去尝试未知诱惑。

浮躁是我们的敌人，也是整个社会的敌人。因为浮躁，人们可能难以踏实地对待自己的工作，那么如此一来生产链上的每一个环节都会出问题，久而久之，社会问题将会涌现。

我们的生活之所以有太多的不快和浮躁，是因为我们的欲望越来越多。

当这些日益增多的欲望无法得到满足时，内心就会变得十分浮躁，而这种状态是不可取的，因为它对人有害！我们会发现生活不快乐，那是因为欲望让我们变得计较得失。

那我们来看看浮躁的心理是什么样的表现吧：是不是有拖延症和不踏实的感觉？总想投机取巧，而且没有耐性？是不是在突变的环境下觉得不安心？是不是做一件事的时候想马上成功，急功近利？是不是比较冲动？做事前欠思考？是的，这些就是浮躁心理的表现。

那要怎样去克服呢？

首先，要正确地去"攀比"。人们都爱比较，这是作为社会人的特质，但是我们首先要理智地确定好比较的对象，至少对方在知识、能力、条件上和自己相当，这样才能公平客观地比较并促使自己进步。而且也不会有太严重的心理失衡，自然不会造成太多的烦躁。

其次，就是要踏实地摆正自己的位置，理想要和现实靠拢。有的人就是急功近利，不懂得慢工出细活的道理。当然，我们可以理解成这是人们对成功的渴望，但一定要面对现实，积极向上地朝目标靠拢，俗话说得好，"心急吃不了热豆腐"，所以一定要务实。绝对不要一味地跟着感觉走，要知道，有时候人的感觉是会出错的。

方法 5

要满怀阳光地生活，要相信一切痛苦都会离去

楠楠是食品厂的高级技工，一次在测试新产品时，她不小心把自己锁在了冰库里。她自己很清楚，如果出不去，就只有死路一条。但是她没有钥匙，也没有任何硬性工具，她绝望了，只好坐在地板上等死。她很悲伤，很无奈，哭泣着等待死亡降临。

20个小时后，冰库被人打开了，可楠楠已经被冻死了，瞳孔里散发着绝望和恐惧。

事实上，冰库的冷气开关并没有完全打开，冰库内的温度虽然低，但绝不致死。楠楠其实是因为绝望而不再有活下去的动力，坐以待毙才死的。绝望的情绪只会让她的身体冷得更快。

所以说一个人一定不要太过于悲观，一定不要对生活绝望，要知道这种负面情绪可能会致人以死。我们都会遇到困难，但是乐观的人只会看到希望，悲观的人只能看到灾难。

我们会因为各种各样的事情而心烦，而这种情绪对我们的影响是巨大的。不单单是精神压力过大，也可能会影响我们的生理健康。

有研究表明，女性情绪失控时，会严重影响大脑，甚至导致抑郁症。所以说，不要让悲伤留在体内太长时间，要积极去面对，少一些悲观和感伤，才能让自己快些走出不幸的旋涡。

我们不能沉浸在负面情绪里太久，因为这是一种惯性，如果你乐观面对困难，那么痛苦也会提前结束。好的情绪能帮助我们进步，心情好做起事情来才更带劲，效率才会越来越高。

有这样几种办法可以帮助我们化解悲伤。

第一，大声地哭出来

流眼泪其实是一种情绪的排泄，包括身体中的毒素，研究表明，人在大哭之后心情会积极很多。如果憋着，压抑自己，那么负面情绪所产生的有害物质就会存留在体内，会影响身体健康。

第二，寻找正面朋友，珍惜能理解自己的人并多沟通

如果有幸得一知己，在彼此还未开口就知道对方的意思，在开心时一起玩耍，悲伤了可以相互倾诉衷肠并得到正面的人生指引，那才是真正的幸事。

第三，没有得到的就算了，不要再去抱怨和回顾

生活和工作中有太多不可确定的因素让我们可能失去了这个或那个，但是，请积极地向前方看，不要抱怨，也不要回顾曾经的痛苦不能自拔。今天因为做错一个选择而失去了一笔业务，明天或许因为相处不当和男女朋友分手。那么我们所能做的，应该是调整好情绪和状态，汲取曾经的教训，让自己的未来不再犯相同的错误，然后勇往直前。

第四，多多忙碌，好好生活

人这一生中，会遭遇很多打击，但是所有的都会过去。如果打击严重到让人一蹶不振，那么就强迫自己平静下来，然后找一些事情做，让自己的工作和生活都忙碌起来，可以在上班时间拼命工作，下班之后使劲娱乐，看电影、健身、逛街、美食都可以。生命有限，活力无限。忙碌，可以排解悲伤。

方法 6
宽容别人，就是放过了自己

有过委屈吗？有过被人伤害的经历吧？然后就是怨恨，之后便产生了报复心理？这是我们经常见到的情形，但是，报复心理会加重自己的心魔，甚至做出不可挽回的事情。

一般心胸狭隘、容易愤世嫉俗的人报复心理都很强，自身也容易被情绪所控制。比如在生活中对物质生活及精神生活水平高于自己的人产生嫉妒心理；在工作中对于工作优秀能力强的人生有敌意，等等。这些小情绪在心胸狭隘的人面前都会最终升级为报复行为，或酿成不可收拾的后果。

张可是一名北漂，由于性格比较内向，所以一直和同事处不好关系，虽然工作非常认真，但由于能力有限，始终平平淡淡没什么起色。

一次部门例会中，领导不留情面地批评了她，并且以做对比的方式表扬了其他的同事。其实这是一件很平常的事情，但是在张可看来，这分明就是领导和同事合起伙来欺负她。

这种负面念头一起，报复心理随之而生。张可心里充满了报复欲望，中午趁大家吃饭时，她把一个同事电脑里的重要文件删除了。当然，若要人不知，除非己莫为，同事很快发现了这一情况，但没有确凿证据，也就没有向上级反映。但是，身边的同事慢慢就全都疏远了她，张可很快被孤立了。

公司是个集体，或许会因为利益的原因大家彼此心存芥蒂或者各部门之间也相互牵制。但是平衡这种关系的最有效办法是保护好自己，与人为善，互不干涉。而总想着如何去报复别人，最终只能把自己困入狭小的囹圄当中，并难以与人相处，自己也会非常痛苦。

可是，如果选择宽容，对别人报以善意，自己也能得到解脱。毕竟冤冤相报不知何时能了，不如敞开心胸，宽容那些微小的矛盾，让自己更健康地生活。具体我们可以这样做：

第一，换位思考

生活和工作中，我们每一个人都有难处，可能这样的难处会让自己不小心去触碰了别人的底线，造成伤害。在我们自己受到伤害或者不愉快的时候，我们不妨去设身处地地换位思考一番，理解了自己的难处，也就理解了他人的难处，那么平息愤怒、选择宽容，也就不是那么难的事了。

第二，做事前想清后果

冲动情绪导致一个人做错事很常见，比如报复别人。但是，报复他人的后果是不是会严重到不可收拾呢？如果在实施报复行为之前就把这样的后果考虑清楚，可能我们就没有之前那么愤怒了。所以，冷静地考虑后果，不论是对对方还是对自己，权量好再行为，很多不好的事情就都可以被避免了。

第三，选择宽恕

宽恕是一种美德，宽恕可以净化自己的心灵，宽恕更可以使人的精神意志都得到升华。与此同时，幸福也便悄悄来临。如果我们能宽恕伤害，那么我们就能逃离伤害所带来的痛苦，就算是为了自己，宽恕也绝对是可行之道。

方法 7

平和地接受，顺势发展

一个心情焦虑的人，做什么事情都会毛毛躁躁，无法安心。佛陀可以长时安坐在树下，正是因为一种气定神闲，那么焦躁与不安，自然与之无缘。人们的焦虑不安，纵然是有内在的因素影响，外在压力所带来的困惑也是不可小觑的。对于当代压力繁重的人来说，各种各样的境遇都可能与之相关。

我们身边不乏这样的人：正值而立之年，工作不错，各种条件也都不错，即使没有成家，也已经有了即将步入婚姻殿堂的人选。但是即便是这样，他们依旧焦虑烦躁，甚至觉得疲惫不堪。有时可能会莫名烦恼，有时可能会突如其来想找人吵架，等等。这是为什么呢？

生活带给我们的压力是焦虑情绪产生的导火索，这个时候我们要做的不应该是与之抗衡和对立，那样只能使得我们更为焦虑。正确的做法应该是，调节好自己的生理和心理，安静本分地做好自己的事情，慢慢地焦虑的情绪就会淡却开来。具体我们可以这样去做：

第一，自我减压，让焦虑自行走开

如何放松自己？现代生活虽然压力大，但是减压的方式也很多，越来越多的健身房、游泳馆、电影院、KTV，这些都是帮助减压的途径，总有一款是适合自己的。那么就选择好、安排好自己的生活，慢慢就会轻松了。再多多呼吸新鲜空气，焦虑症状慢慢就会消失。

第二，击退焦虑三步走

第一步，找到深藏的原因，知道引发自己焦虑的根源是什么；第二步，找到适合自己的行为，知道自己应该做什么；第三步，做好准备，主动出击，想好了就去做。

第三，远离焦虑信息的来源

现如今各种通讯设备越来越发达，我们的生活无限便捷，信息接收量也越来越大，但是，倘若是在我们习惯了身边的设备立刻给我们带来信息的时候突然失去了这种便捷，那么我们就一定会很焦虑。

在如今这个被信息大量充斥的时代，我们要学会调整自己的情绪，让自己平静下来，不至于被外界的是否影响了心情。

第一步，多接触纸媒、平媒，这种传统的方式往往比起互联网上的快餐信息更有价值，因为它们具备更多深层次的分析。第二步，培养更多爱好，比如登山、听音乐、郊游，等等，以此来转移自己对网络信息的过分依赖。第三步，对于所接收的信息要进行有效取舍，不是每一条信息都值得我们留存大脑，要有意识地扫除垃圾信息。

方法 8

善于调节情绪，事业也会蒸蒸日上

心情好，气场才会强，随之而来的便是好运气，那么工作、事业也会步步高升。就算是从身心健康的角度出发，保持好心情，无疑也是所有人最应该做的。因为好心情是维系身体健康的法宝；好心情可以让精神愉悦；好心

情可以让正面能量不断地靠近自己。如何保持好心情呢？纵观历史，远观世界，真、善、美都是保持好心情的基础，只要我们有一颗真诚善良的心，对事物都很宽容，那么我们就会拥有好心情，而且生活得祥和美好。

人生路漫漫，会遇到各种各样好的和不好的情况，在面临烦恼时，及时调节，平衡心理，结果一定会向好。在人生道路上，无论我们如何一帆风顺，总会有紧张、忧虑、烦恼之事，此时如果我们能及时调节好心理平衡，保持一个愉快的心情，那么结果一定会向好的方面倾斜。

情绪的小小宣泄是可以的，但是如果将情绪扩大宣泄，影响到了身边的人和事，那就不好了。

有这么一个故事，很耐人思考。

小李毕业后来到一家广告公司，一年之后由于工作一直没有起色，他愤愤不平地想换工作。当他对朋友宣泄这些苦恼时，朋友很客观地对他说了几句话："你连业务上的全流程都没有搞清楚，有什么资本跳槽呢？"这几句话点醒了小李，之后他用了一年的时间全方位地钻研业务，很快成为了一名业内精英。

可是此时，他却不想再跳槽了。因为领导看到了他的光芒，开始器重他了，而公司里其他的人，也都对他颇为尊重。由此我们可以看出，之前并非老板不看好他，只是他一直没有给予自己积极的心理暗示。而短暂的失利也让他觉得很焦躁，仿佛无可救药。但是当他客观地面对了自己，找到方向后，进步就很飞快。

所以说，学会调节心情，正面思维，去除焦虑，才是现代人行进的正确轨道。

有这么几种调节情绪的好办法，希望可以对我们产生积极的影响：

第一，积极透彻了解自己的内心世界。

第二，给予自身积极的心理暗示，做最好的自己。

第三，凡事虽有两面性，但请向乐观的一面靠拢。

第四，及时宣泄内心的不愉快，平衡心态。

第五，学会变换思维，解脱自己。

第六，培养自己的好习惯。

第七，自信地与别人交流。

第八，敢于认知自己。

第九，做一个身心行为健康的人。

第十，音乐、催眠、运动、休闲，促使自己的心灵更加健康。

第三章

调节心态减压法
——阳光灿烂最幸福

"黑夜给了我黑色的眼睛,我却用它来寻找光明。"生活的道路上并不会一帆风顺,此时我们可能正站在成功的巅峰上,但说不定下一秒钟就会跌入失败的谷底。但是不管遇到什么事情,我们都应该调节好自己的心态,做到胜不骄、败不馁,看淡得失,直面挫折。你要相信,上帝给你关上一道门的同时,也会为你打开一扇窗。

方法 1

拥有良好心态，世界如天堂般美好

心态不同，自己眼中的世界也不尽相同，同时眼中的自己也会呈现出不同的面貌。拥有好心态，会使你成为一个更加积极的人。

如果某一天你的心情明朗，心中充满阳光，那么你会发现原本灰暗的一切都瞬间变得明亮起来。于是，你又笑容满面，重新燃起了对生命的激情与渴望，发现此时此刻一切都是那么美好。

两种截然不同的心态，两个相隔天壤的世界。心态的好坏直接影响着我们对心中或外在世界的感官体验，好心态让我们觉得自己仿佛置身于天堂，明亮幸福；反之，坏心态让我们觉得一切都如在地狱般，黑暗痛苦。但是天堂或是地狱是否真的存在呢？如果存在，那它们又在哪里呢？

其实，天堂和地狱有着异曲同工之妙。如果这个世界上真有天堂和地狱的存在，那么天堂一定不在天上，地狱也一定不在地下，因为它们就存在于我们每个人的心中。

如果你是一个自私、心胸狭隘又凡事斤斤计较的人，那么你的世界就充斥着阴暗潮湿、悲凉凄惨，如同身陷地狱一般。相反，如果你是一个懂得感恩、知道谦让、不在乎名利得失的人，那么你的世界就充满阳光、笑声不断，仿佛置身于天堂一样。

被称为"最著名的成功者"，同时又是"最著名的失败者"、"最著名的东山再起者"的史玉柱，是一位经历了大起——大落——又大起的企业家，而他的巨人集团也是一个经历了这样跌宕起伏过程的企业。

作为中国企业起死回生的活标本，巨人集团凭借着脑白金的战略与策略，只用了区区50万元的启动资金，仅花费了短短两三年时间，就跻身中国保健品行业，一跃而成为新一代的盟主。是什么成就了史玉柱，又是什么造就了他的企业？秘密远在天边近在眼前，就是史玉柱本人。

在他人看来，巨人倒下后就如同跌入地狱，失败、压力扑面而来，荣誉、地位也一瞬间化为乌有，很多人都认为倒下的巨人能够重新再站起来只是痴人说梦。

然而史玉柱在巨人倒下后非但没有看到地狱，反而看到了天堂，因为他深知，悲观失望也于事无补，只有自己有重新站起来的决心，只有积极努力地奋斗，才能重返昔日的辉煌。

心态不同，一切也都随之变化，当然也决定着自己是身在地狱还是天堂。都市白领的我们现在又抱有什么样的心态呢？在工作中，是否受到一丁点批评就惴惴不安？一和同事闹点小矛盾就记恨在心？下属稍微有点不服从管理，或对自己不够唯命是从就耿耿于怀？

在遇到形形色色的事情时，你是否能够做到失意时不过于沮丧，得意时也不过于张扬，一直保持一种良好的心态？假如，由于自己的失误而被公司炒了鱿鱼，此时你是陷在沮丧中不能自拔，还是找出自己的不足继续前进？相反，如果自己的营销方案得到出乎意料的市场回报，你是得意忘形，还是虚心好学？

那么，究竟如何才能让自己拥有一个好心态呢？

第一，扫除杂质，不计得失，笑对人生

拥有好心态，需要我们忘记仇恨，扫除心灵的杂质；需要我们不计得失，看透名利；需要我们乐观积极，无论是四面楚歌，还是艰难险阻，都笑对人生。

第二，不做别人眼中的第一，只做最好的自己

拥有好心态，需要我们不做别人眼中的第一，只做最好的自己。不要总觉得只有争出长短才能彰显出自己的本领。争强好胜，话不饶人，事事总想争第一，到头来倒霉的只有自己。

第三，不争强，做好分内之事

拥有好心态，需要我们学会不强争，正所谓无为而无不为，这对化解压力、提高工作效率都有很大帮助。俗话说：杀敌一千，自损八百。所以无论是在生活中还是工作中，只需按照自己的目标与做人原则，做好自己分内的事情就可以了。

心累代表心智未开，拥有良好的心态才会有好的命运。如果一个人长期处于郁闷的情绪当中，就会对周围的一切感到厌烦。在他看来，天是灰的，水是浊的，花儿终会凋谢，一切都让自己感到惶恐不安，如同身处阴森、冰冷的地狱，到处都充满着残酷与血腥。但当我们从郁闷转向积极时，周围一切也都会随之变得美好起来。

方法 2

心态积极，让心灵洒满阳光

一个人只有心态积极了，心灵才能洒满阳光。心灵的光明度取决于心态，阳光还是阴暗，会使心灵出现两种截然不同的状态。

心态消极的人，看待问题总是悲观、失望，而且难以经受挫折和失败的打击。相反，心态积极的人，无论遇到什么艰难险阻，总能积极面对，努力克服。他们遇到每一个人都会谈论健康、快乐和成功；注意每一件事情的闪光点；凡事都力求完美。对待他人的成功，他们也总像对待自己的成功那样充满热情。

当然，他们的工作和生活并非一帆风顺，也会遭受打击与挫折，但是他们却懂得如何做到拿得起、放得下，不被那些困难所打倒。

心态决定命运。想想现实中的自己，是否也曾让消极心态影响了心情，从而破坏了原有的计划？如果想要解除自己的心理压力，我们就不能轻易地被他人消极的心态所影响，更不能让自己被消极情绪掩埋。

那么，究竟如何才能让心态积极，洒满阳光呢？

第一，清空心中的消极情绪

对于心态消极的人，必须及时清空心中的阴暗因素。当受到批评时要警惕、警醒，在得到赞扬时更应该要警惕、警醒。要做到在困难和挫折面前不失信心，在鲜花和掌声面前谦虚努力。

第二，学会赞美，传递阳光

积极心态可以相互传染，如果你想让阳光洒满心灵，就必须要学会控制自己的情绪和心态。而想要控制好自己的情绪，就必须使自己变得心平气和些。

赞美如同冬日里的一缕阳光，不仅可以温暖别人，还会使自己的心灵沐浴其中。学会赞美，可以使自己在失败沮丧时，奋起直追；悲伤苦痛时，微微一笑；恐惧害怕时，鼓起勇气；自卑胆怯时，充满自信；穷困潦倒时，想象富有；力不从心时，回想成功。

方法 3

控制心态，增加愉快的生活体验

在电视剧《过把瘾》中，方圆终日在无所事事且官架子十足的上司眼皮底下干活。一天，上司一如既往地在心情烦躁的他身后踱步，并一边发表高论一边声音很响地喝茶。于是，他终于忍无可忍，对上司说："你就不能不这样喝茶?! 我实在是忍不下去了！"冲动过后，他毅然决然地辞职了。而那个上司却丈二和尚摸不着头脑，不知自己究竟哪个行为让人忍无可忍。

工作中，总会遇到一些自我感觉良好，不分时间地点炫耀的人。晴雯就有一个这样的同事，只要在新人或陌生人的面前，他就会不厌其烦地介绍自己的光荣事迹，包括被什么人接见过，同谁谁共事过，领导怎样高度评价了自己的工作等等，直到对方佩服得五体投地为止。晴雯只要一听到他又在那里炫耀自己，气就不打一处来。

安茜的部门主任是个爱贪小便宜的家伙，公司给员工发放的福利，如电影票、代金券什么的，一般到他这里，都被他以种种理由"忘记"了。有时还会轻描淡写打声招呼，但更多时候都瞒天过海"私吞"了。安茜在他手下做事，每天都窝着一肚子火。

王梅近来总是一脸无奈，她说："我的一名同事总是闲得没事到我桌前大谈特谈主任的'丑闻'，你想，在那么敏感的场所，又谈论那么敏感的话题，真叫我不知所措。暂且不论她的消息来源是否可靠，关键在于她从来就没有在乎过我是否对她那一箩筐的'内幕秘闻'感兴趣！"

职场是一个人实现自我的舞台。以前有句广为流传的话："如果你爱她，就送她去纽约；如果你恨她，你也送她去纽约，因为那里既是天堂又是地狱。"职场就如同纽约一样，天堂地狱仅一线之间，只可惜，我们无从选择，不管爱不爱它，都要在其中经受洗礼。

工作、生活与其说是一种经历，不如说是一种体验。有人选择积极面对，无论遇到什么难题，总能以一种洒脱、坦然、从容之心去克服，相信一切都会随着自己的好心态而向好的方面转变。但有些人却被经历本身所俘虏，甚至被经历所驾驭。从而造成情绪失控，心态消极，压力也愈来愈大。他们感到愤怒、悲伤、焦虑，总在抱怨，也总被恐惧的阴影所笼罩。

我们可以驾驭和控制自身的心态，与其心情灰暗、消极烦闷，不如给自己增加一些愉快的生活体验。对自己来说，积极的心态更有益于身心的健康发展。那么，究竟如何才能让自己多点愉快的生活体验呢？

第一，积极面对，快乐无处不在

如果你觉得自己心情烦躁不安，压力过大，过于压抑，不妨尝试换一种积极的心态来面对它，这样你就会发现快乐无处不在。快乐不是消费不起的

奢侈品，而是一种内在的愉悦心态。而快乐之道就在于如何追求生活的本质。如果你能换一种积极的心态，珍惜生活中的点点滴滴，并能静下心来探究其中的奥秘，快乐就存在于生活的每一细微之处。

第二，保持良好的精神状态，培养业余爱好

如果你觉得压力过大，想轻松为自己减压，那就应该设法保持良好的精神状态，这样，不仅心灵之毒得以排除，更能增加愉快的生活体验。成功人士不仅仅只埋头于自己所从事的工作当中，在生活中也有自己的业余爱好。所以，为了排解压力，你也可以为自己培养一种业余爱好。

第三，学会幽默，懂得微笑

幽默是一种智慧，更是白领化解压力的一种简单易学的有效方式。学会幽默、懂得微笑，是保持健康和快乐的方法。因为微笑同样有缓解压力的作用，由于微笑能够传染，所以为了每天能多笑一下，你可以选择和爱笑的人交往，还可以自己对着镜子练习笑，先学着装笑，久而久之自己就会发自内心地笑起来。

很多时候，我们之所以感到职场压力压得自己喘不过气来，都是消极心态惹的祸。增加自己愉快的生活体验，才是正确的做法。如果我们能够设法多增加些生活的情趣，相信我们的工作生活一定会变得更加积极，阳光普照。而且这也利于增进团队协作，使积极心态互相传染。

方法 4

看淡得失，保持微笑

得到与失去，既对立又统一。得失是人生常态，我们也总是沦陷在其中，或无法自拔，或得到升华。

职场中更是得失无常，相信很多人都会徘徊于得失之间，手足无措。但大多情况下，人们都只愿得到不愿失去。其实，得与失是一对矛盾，它在我们的生活中无处不在。

无论男女老少，不分职业贵贱，我们总是欣喜于得到想要的，痛苦于失去珍惜的，总是不经意间陷入患得患失的情绪旋涡，彷徨徘徊。

在日常工作、生活中，我们是否能够看淡得失，不徘徊其中？是否会因为一次升迁、培训机会的错失而耿耿于怀，埋藏心间？又是否会因为一次失误，而一直活在阴影之下？

看淡得失是人们解除自身压力的灵丹妙药。我们不可能完全获得，也不可能全部失去。每个人都一直在得到——失去——再得到——再失去的过程中循环往复。

然而在工作中，很多人与同事钩心斗角，只为自我提升，即使后来如愿以偿，可同事间的友谊已经荡然无存。巨大的工作压力使自己每天都连轴转，只为了得到更充实的物质生活，但这却是以自己的身体当作本钱为代价的。

其实人生本身就是一个得失并存的过程，无论做什么事情，都会有得有失。得到越多，失去也就越多。所以，对于失去的东西，我们不应该太在意，

而且有些东西是注定会消失的。

得与失，常常发生在一念之间，"舍得"也是一种人生智慧。越是害怕失去就越可能永远得不到，反而在舍弃后说不定就在不经意间拥有了。因为失去会让我们突破自己，逐渐长大，会让我们更加珍惜，学会用微笑面对一切。

在人际交往中，礼貌、亲切、友善、关怀等都通过微笑表现得淋漓尽致。所以说，一个发自内心的微笑几乎可以代表一个人的所有情感。

压力过大时，我们不妨对自己微微一笑，或让自己放声大笑。如果一个人能养成爱微笑的习惯，那他就会轻松化解任何压力。

面对奥运会首金的失利，整整4天，杜丽一直闭门不出。对杜丽来说，这短短的4天时间远比4年还要漫长难熬。4天时间里，她除了和队友打过几次扑克，其他的一概不提。

为了缓解杜丽的压力，教练王跃舫使出了一个独家秘诀，就是让杜丽随身携带一面小镜子，目的是让她看看自己的脸有多难看。果真，杜丽放松了下来，脸上也渐渐浮现出笑颜。

放松下来的杜丽，不出意外地取得资格赛的第一。但教练王跃舫并没把具体成绩告诉她，只是跟她说："你已经是资格赛第一了，不要想太多，好好打没问题。"对着镜子微笑减压，仅时隔4天，杜丽就冲金成功。

工作中保持微笑，是化解压力的灵丹妙药。微笑可以拉近人与人之间的距离，调节人际关系，使我们事业顺利，生活愉快。然而，随着社会竞争的白热化，工作压力越来越大，很多人都慢慢忘记该怎么微笑了，脸上永远只有一种僵硬的表情。有专家指出，现代人的幸福指数正逐年下降，痛苦的人不断增多，而懂得微笑的人却日渐减少。

曾有一份面向北京、上海、广州三地市民的快乐指数调查报告，《北京青年报》刊登过其显示出的关于不快乐的原因，主要有四个方面：

第一，工作方面，如收入过低、压力太大、假期太少、缺少成就感、工作单调、前途渺茫和人际关系复杂；

第二，家庭方面，如与家人发生争吵、聚少离多、挑剔住房和家庭总收入偏低；

第三，物质生活方面，如不满意工资、福利、社会保障，对住房、交通工具和其他消费类物品有极高的要求；

第四，自我方面，24.2%的调查对象表示，只会消极被动等待快乐，从不积极主动追求快乐，或不懂获得快乐的有效方法。

由此看来，人们失去笑容忘记快乐的最大原因，当属工作压力过大。

生活中，工作占据了我们大部分的时间。那么我们究竟是如何看待自己所从事的工作呢？有些人认为工作只是一种谋生的手段，只要工资高待遇好，即使自己讨厌，也会毫不犹豫地接受。也有些人通过工作实现自我，不仅为了升华自己，更为了使工资节节高升。

但除了这些，我们还能从工作中得到什么？

其实，追求快乐也是工作的目的之一。快乐过一天是过，痛苦过一天也是过，那我们为什么不带着快乐心情开始每天的工作呢？能够工作难道不是一件快乐的事情吗？如果你觉得自己的工作单调乏味，那么就需要转换一下工作观了。

第一，多点微笑，健康快乐

如果想为自己解压，那就让脸上多点笑容。因为笑也是一种健康的健身运动，是一种最有效的调节剂，既能增强人体的免疫力，又能提高机体的抗病能

力。苏联伟大作家高尔基所言甚是:"只有爱笑的人,生活才能过得更美好。"

第二,多点微笑,轻松自在

微笑是一种真情流露,可以使神经感官系统都能处于平和协调的状态。微笑是思想情感静静流淌的外在表现,就如清澈的溪水,顺势而下,畅通无阻,象征着心理的轻松自在。

第三,多点微笑,拥抱快乐人生

微笑具有一种神奇的特性,我们应该多点微笑,学会拥抱快乐人生。中医认为,微笑具有养心功能,因为它可以感应美好,捕获快乐。当忧愁、烦恼、焦躁、郁闷等不良情绪扑面而来时,我们应该转换思维方式,开阔心胸,让微笑滋润我们的生活。

工作中,懂得如何微笑,便很难让自己陷入压力之中无法自拔。因为微笑是化解职场压力的秘密武器。当我们每天忙于工作,焦头烂额、精疲力竭时,微笑就会发挥神奇的功能影响我们的神经,调整我们的心态,排解我们的忧愁。所以,学会用微笑缓解工作压力吧。

方法 5

退一步,海阔天空

如果你不懂进退之道,该进不进,当退不退,那就会平添一分压力,徒增一分烦恼。但若懂得进退之道,不仅会减少自身压力,更能获得良好业绩。

电视剧《丑女无敌》中的女主角林无敌就是一个很好的例子,正是因为她懂得如何运用进退之道,才能被老总器重、步步高升。

林无敌之所以被称为"丑女"，不仅因为她没有皎美的面容，更是因为她的钢丝发、大龅牙、铁牙套，再加上她那臃肿的身材、邋遢的穿着，简直使公司形象一落千丈，甚至还有点"影响市容"。当然，她并没有丑到不堪入目的地步。其实在我们身边，也有不少"林无敌"们的存在。

从一名普通小职员，她究竟如何一步步走到如今的位置？这无疑抓住了大家的眼球，更引发了一场关于"职场丑女，缘何能无敌？"的话题大讨论。

结果虽出人意料，让人跌破眼镜，但又看似顺理成章、水到渠成，一切都合乎情理。尽管飞跃式的升职也让她倍感压力，但这并没有把她压垮。

此时，我们一定感到既好奇，又疑惑，甚至还会不停地思考，她到底走了什么捷径，用了什么绝招？下面我们就对其进行一次深度解析，看看其中到底藏有什么秘密。

林无敌毕业于某重点大学，学习金融，尽管专业知识扎实，却因外形不佳，打扮老土，在求职过程中屡屡碰壁。但与其他人不同，她愈挫愈勇，在被拒绝了17次后，终于获得这份工作。

在美女如云的广告公司里，她的生存之道便是知进退，最终以智慧与忠诚大获全胜。每当公司出现危情，她总是挺身而出，自告奋勇，完美地解决所有麻烦。后来，终于在竞争激烈的职场中完美变身"白天鹅"。

通过《丑女无敌》的故事，我们对进退之道有了更具体的了解。只有懂得如何运用进退之道，才能摆脱职场压力，不说其他，至少会解救我们脱离那些无聊透顶、错综复杂的人际关系。而以"进"为方向，专注、踏实、勤奋、忠诚、热心对待工作生活，不仅可以让自己忽略掉那些微不足道的琐事，而且还可以提高工作效率，降低脑细胞损耗。

可惜，在一个竞争无处不在的社会，面对激烈的竞争，大家只注重"进"，又有多少人看重"退"呢？在不少人眼中，"退让"象征着怯懦、胆小。如果退让就会感觉没有自尊，甚至是无能。如果我们不改变自己的心态，凡事总要争三分，那么最后不仅不会取得胜利，还会伤害自己的身体。

那么，究竟如何才能让自己学会进退之道，逃离压力的魔爪呢？

第一，避免无谓的争执

无谓的争执不具任何意义，只是白白浪费时间而已。通常，一个不善争辩的人，会比能言善辩的人得到更多。因此，为了避免与人争执，最好的做法就是不要抬杠。有时，适时适当地配合他人，也会很容易增加别人对我们的好感，拉近彼此的距离，并减轻人际关系的压力。

第二，不受外界影响，该退则退

工作、生活中，对于一些无关痛痒的无聊琐事，我们不必过分在意，反而应当能退则退。其实，一个人越不受外界的影响，就越能提升自己的修炼。退一步，海阔天空。为人处世，退一步并不能说明你无能，有退才有进，"退"有时往往是"进"的根本。

第三，把握方向，有进有退

工作中，懂得退让，是为了以后能更顺畅地前进。我们不能一味地争强好胜，有时选择退一步，反而会给自己带来更大的前进空间。只有懂得退让才能更好地解放自己，舒缓压力。

一个懂得退让的人必定是宽宏大量的，退一步海阔天空。而一个宽宏大量的人必定不会计较个人得失，会原谅他人所犯的错误，会给别人改过自新的机会。同时一个懂得前进的人，必定工作轻松、业绩突出，并能以公司大局为重，同事之间关系融洽。

方法 6

直面挫折，东山再起

胜败没有明确的界限，是个时间概念。只有在某种特定时间，人才会有强烈的失败感，而一旦将这时间无限延展，胜败的定义就会发生改变，那种强烈的失败感也会随之减弱。

也许某次刻骨铭心的失败，会成为你未来人生中的成功起点，使你由衷感谢那次所谓的失败。也许某次引以为豪的成功，会成为你以后陷入困境、停滞不前的罪魁祸首。

一旦时间发生改变，胜败就成为未知之谜。所以，人们常说，胜败乃兵家常事。其实在漫漫人生长河中，无论失败还是成功，都会随时间而渐渐遗忘。人生不存在永远，失败或是成功都只是暂时的，或是新的起点，或是新的结束。

普瓦蒂埃从小生活在贫民窟中，不过他从不认为自己属于这里。于是16岁的他终于做出了一个大胆的决定，只身前往纽约闯荡。但当时的他既没有学历也没有钱，只受过不到两年的教育，口袋里仅有3美元。来到纽约后，他把家安在一个废弃的屋顶下，在餐厅里做起洗碗工。

但这只是个过渡，他并没有把思维局限在那家餐厅里，一段时间后，他便开始为自己的前程四处奔波。无数次的失败过后，他终于被一家黑人剧院录取了。不过，由于知识有限，剧本上的字他大多都不认识，所以背台词对

他来说是一大难题。一次，导演突然打断正在朗诵的他，大声说道："别再浪费彼此的时间了，你根本就不适合表演。"

但他却意志坚定，因为他不想放弃这个千载难逢的机会，更不想因此就放弃自己的理想。于是，他省吃俭用，用洗碗获得的微薄收入买了一台收音机，当作学习工具。

他把所有自己可以支配的时间都用来学习。后来他又成功说服这家黑人剧团领导让他参加表演课。通过多年来不懈的努力，经历过重重挫折，他终于梦想成真，成为了一名优秀的演员。

相信很多人都曾像他一样走过一段万分艰苦的历程，也或许你很幸运，一路顺风顺水，青云直上。然而，不管经历过什么，我们都应从中得到启示，那就是以积极的心态看待胜败，做到"败不馁，胜不骄"。

有些人经历过一次失败就再也爬不起来。所谓"一朝被蛇咬，十年怕井绳"，一旦经历过失败与挫折，往往就此失去信心，认为自己彻底失败，再也无法东山再起，而且永远活在失败的阴影之下。巴尔扎克曾说过："挫折和不幸是天才的进身之阶，弱者的无底深渊。"

其实，这无关于失败的经历，只是他们的思维和心态不同罢了。对成功者来说，站起来的次数仅仅比倒下多一次而已。其实工作、生活中遇到的挫折、失败并不可怕，最怕的就是没有重新再站起来的勇气。

工作中的挫折虽会阻碍一个人的进步，但只要克服它就会向前迈进一大步。相反，如果不敢直面挫折、畏缩不前，就会严重打击自信心。因为挫折具有双重性，不仅可以增强一个人的意志力，还可以磨灭它。

话已至此，相信你已经对胜败有了暂时的触动。也许你早已明白这些道理，只是还无法控制好自己的情绪和心态而已。如果你还期待有更好的办法，那么下面就送你几条锦囊妙计。

第一，直面挫折，积极应对

任何事情都不会一帆风顺，坎坷、危机都有可能迎面而来。工作中，遇到各种出人意料的困难和打击都是在所难免的！所以面对挫折，我们切记不能自乱阵脚，应该积极应对，稳住情绪，从主客观、内外因等各方面找出受挫的原因。

挫折会给人造成巨大的心理压力，但压力并不都是负面的。如果你可以化压力为动力，那么挫折也许就会成为一个进步的机会。面对挫折，你是选择当个逃兵，还是奋起直追呢？

第二，胜败皆经验，做好自己

胜败不过是人生中的必经之路，只要做好自己，那么无论成功与否，都会发现新的自己。从成功中你可以找到优点，增加自信；从失败中你也可以总结不足，及时改正，最后突破自我。

第三，多点自信，增点能力

一个人的能力与自信成正比，自信可以激发你身体中的小宇宙。当一个人对自己充满信心时，他的能力也会增于无形之中。

第四，注重过程，超越自我

工作中，感到压力即退缩，遭遇失败就趴下的人比比皆是。然而成功与心境有关，古人云："天行健，君子以自强不息。"其实成功的意义并不在于结果，而在于过程中你能否冲破层层关卡，不断超越自己。

保持良好的心态，积极乐观、看淡胜败，你就不会被厄运所击垮，就有机会成为一名真正的成功者。当然对于想成功的人来说，他们永远不会被失败击垮。

方法 7

学会和自己交流，激发内心的能量

我们通常会为了安慰自己脆弱的心灵，而用指责、抱怨等极端的方式来博得别人同情。久而久之，人们会反感于这样的负面情绪，对我们敬而远之。因此，我们要控制好思想与情绪，以防外界的干扰，学会和自己交流，以唤醒沉睡的心灵，感受真正的自我。

第一，适当运用自由选择权

同事小辉是一位有上进心、积极努力的好员工，而且在公司中还有很高的人气。某天下班后，老板邀请大家一起聚餐，小辉也应邀加入其中。当晚气氛十分融洽，同事们也都聊得不亦乐乎。就在大家谈论着自己的居住环境时，小辉一脸委屈地向大家诉苦："我租的房子旁边正在盖新楼，工地上整天嗡嗡作响的机器吵得我连周末都睡不好觉。而且外面尘土飞扬，害得我都不敢开窗户。最讨厌的是一到晚上，工人们都坐在工地外面插科打诨，每当下班经过他们面前总是害怕会有意外发生。这种日子真不是人过的！"同事们听后都很同情小辉，但也提出了疑问："房子又不是买的，再加上那么恶劣的环境，为什么不搬走呢？"

其实很多时候，我们都和小辉一样，明明有自由选择的权利，却不做出任何行动与改变。当理想与现实相距甚远时，我们常常只喜欢用指责、抱怨等极端的方式来博取同情，以此来获得宽慰，获得短暂的伪快乐。但实际上，这种伪快乐是十分要不得的，因为它极具毁灭性。所以，当我们在抱怨的时候，其实同时也给自己制造了苦痛，首当其冲地成为了受害者。

如果你的同事向你吐苦水："我在公司做了这么久，无功也有劳啊！老板为什么总是视而不见，不给我加薪也就算了，还增加我的工作量?!"如果你的好友向你抱怨："每天上下班拼死拼活地挤火车，火车站为什么就不能人性化一点儿，多增加几个班次呢？"如果身边的人一直向你倾吐，你还会感到快乐吗？

其实，大家抱怨的真正目的是："我是受害者，一切的发生都是无可奈何的，与我无关，我需要得到安慰。"然而，倾听者却大多不这么认为，他只会觉得这样的你是软弱无能甚至可悲的。虽说透过指责和抱怨，获得了众人的安慰，也拥有了所谓的满足感，但是，仅仅为了这一点点良好的感觉，就造成被孤立、被反感的局面，实在是划不来。

与其向别人乞求快乐，不如把手伸向自己。如果不满意现在的薪资待遇，我们可以和人事部门或自己的上司好好谈谈；如果上下班途中太过拥挤，我们不妨选择其他的交通工具，或者开辟一条新线路。如果我们可以适当地运用自由选择权，努力改变不尽如人意的现状，那么不绝于耳的抱怨与指责声就会销声匿迹。

第二，养成与自己交流的习惯

快乐与成功的方法途径有很多，但最基本的还是要依靠内心的力量，不管做人还是做事，用心最重要。要想集中思想，全神贯注，把能量用在有意义的地方，那么首先我们就要断绝错误意识，避免盲目跟风。其次，还得多加关注自己的内心世界，了解真正的自我，弄清自己的追求。

其实，断绝错误意识十分简单，只需要时常问自己："我在做什么？"但

答案并不重要，重要的是，在我们思考的一瞬间，终止了盲目的无意识状态。所以，当我们在会议中发呆，对着计算机屏幕发愣，在吸烟室吞云吐雾，握着方向盘一脸迷茫时，不妨问问自己："我在做什么？"虽然只有短短的五个字，但却像警钟一样在我们耳边鸣响，切断错误的思想，唤醒沉睡的心灵。如果能够养成这种扪心自问的习惯，那么我们就能及时切断大脑的错误意识，有效避免内心能量的浪费。

当我们能够控制好本心，掌握住思想的缰绳后，还需要做到洞察内心世界，明白自己的真正意图，只有这样才能认识真正的自我，激发尘封已久的内心力量。如果并不是我们切身体验后的所感所发，那么这种意念多半是外界强加于我们身上的。因此，我们需要经常问自己："这真的是我想要的吗？"

一个青年男子不小心驾车撞倒一位女子，随即将她送往医院，所幸这位女子并无大碍。一来二去中，两个年轻人渐渐熟络起来，变成朋友。男青年把他们偶然相识的故事说给身边的朋友们，大家都一致认为这是天赐良缘，男青年应该好好抓住这个机会。于是在朋友们的鼓励下，男青年对这位女子展开了猛烈的追求攻势。终于，经过一年多锲而不舍的追求，女子总算接受了男青年的爱意。可是此时男青年却开始犹豫不决了，因为通过这一年来的交往，他渐渐了解到对方的生活习惯、爱好特长，发觉他们根本就不在同一个世界。如果当初能够扪心自问："这真的是我想要的吗？我是真心喜欢她，还是只有一点点好感？"如果早能明白这个道理，男青年也就不会浪费这一年的时间和感情了。

我们容易通过接受简单的问题，进而看清自己的内心世界，了解自己的真实意图。养成与自己交流的习惯，有利于帮助我们走出困境，排除干扰。

第三，注重细微的变化

在盛满冷水的烧杯中放入一条金鱼，然后用酒精灯加热，观察这过程中金鱼的反应。由于水温逐步升高，温差变化慢，所以金鱼并没有察觉，依旧自由自在地游着，直到快被煮熟也没有任何逃脱的动作和反应。

和金鱼一样，我们也常常无法意识到悄然无声的微妙变化，最终就如煮熟的金鱼，在劫难逃。但是，如果我们能够用心去感受，提高自身的洞察力，即使再微小的变化，也能在事态转向不妙的第一时间作出反应，逃脱厄运。

一位美国中年男人，在得知妻子怀孕后便开始学习摄影。女儿出生以后，这位父亲坚持每天拍摄照片为女儿留作纪念，从未间断。直到女儿大婚，他将二十年来亲自拍摄的照片转交给女婿，并希望他代替自己，继续拍下去。父亲用一生拍摄的照片见证了女儿的变化与成长，使人为之动容。

如果我们没有每天拍照、记日记的习惯，就很难察觉到今天的自己与昨天的区别，但这并不意味着我们丝毫没有改变。当我们惊觉头上的第一根白发、脸上的第一条皱纹而惊慌失措，当我们为模糊的视力、松动的牙齿伤心难过时，我们是否意识到，生命从未停息，这一刻我们的感受，在下一刻就会发生转变，永远消失。如果我们无法体会生命的无常，时间的短暂，就无法激起内心的力量，实现真正的自我。

一个人因经济罪被判无期徒刑，他对媒体讲述了他的故事："小时候我家境贫寒，一次陪母亲买菜途中，我看中了一个小汽车，于是恳求母亲买给我。但她非但没买，还动手打了我。自此我便发誓，长大后要尽一切可能得

到我想要的。之后，我用功读书，努力工作，拼命赚钱。但当这不能实现我想要跑车和别墅的愿望时，我就只能四处钻营，等爬上主管的位子，就以权谋私实现一切。沦落到今天这个下场，我真的不认识自己了。"

这个犯人内心的欲望不断增加，只不过他并没有察觉到这细微的变化，误以为自己这些小小的贪恋和不满，并不会引发大灾难。直到欲望的膨胀引起质变，他才恍然大悟，自己已经不认识自己了。

只有认真对待生命中的每一刻，唤醒沉睡的心灵，审视真正的自我，才能切断跑偏的思维意识，回归有意义的生活。

方法 8

活在当下，脚踏实地

我们总是一边憧憬着美好的未来，一边抱怨现实的残酷。诗人兰波曾言："生活在别处。"因为这句话我们总觉得周围环境都是平庸而无趣的，生活只有在别处才是美好而光明的。但实际情况却截然相反，生活不在别处，就在当下，此时此刻你所面对的现实与处境才发挥着决定性作用。

第一，完美本不存在，不要盲目羡慕

慧茹在某公司任总裁助理一职，她不仅拥有天使的面容、优雅的举止，还唱跳俱佳、多才多艺。她第一天来公司，就让所有男职员们倾慕不已，也引起周围女孩子们的羡慕嫉妒。渐渐地，她成为了全公司的形象代言。在某次公司聚会上，慧茹表演了一段独舞，然而当雷鸣般的掌声响起时，她却重重地摔倒在台上。当慧茹被送进医院后大家才得知，原来她患有严重的先天性心脏病。面对纷纷赶来探望的同事们，慧茹流着眼泪说："你们总是羡慕我这个好、那个棒，但对我来说，最令人羡慕的却是你们，能够拥有那么健康的身体。"

生活中，我们常常羡慕别人这样那样，希望自己也能变得更加完美。然而我们忘记了，这个世界上根本就不存在所谓的"完美"，不管男女老少都不完美，工作也不完美，生活更不完美。如果只一味追求完美，盲目羡慕他人，那就只会让我们更加纠结，反而丢失原本的生活。有些人总喜欢抱怨自己怀才不遇，悲愤生不逢时，感慨人生大风大浪，认为不幸的总是自己，总是不禁流露出羡慕的目光。实际上，他们在抱怨生活、羡慕别人的同时已经丢掉了本真，忽略了自己所拥有的一切。

生活不在别处，就在当下，我们应该把注意力回归自我。

由于性别的原因，相对于男人，女人更容易产生羡慕之情。20岁的少女们羡慕那些已婚的少妇，觉得她们拥有了专属于自己的幸福家庭；30岁的少妇们羡慕那些年轻的少女，觉得她们拥有还可以大肆挥霍的青春；40岁的家庭妇女们羡慕那些果敢的女人，觉得她们拥有闯天下的勇气，敢于把命运掌控在自己手里；无房的女人们羡慕有房的女人；骑单车的女人们羡慕开车的女人；长相普通的女人们羡慕天使面容、魔鬼身材的女人……但在这一次又一次的羡慕中，很多女人却忽略了自身的美和脚下的路，使自己每天都陷入痛苦不堪的境地。

上帝是不公平的，因为他创造了世间的一切，善恶、美丑、富贵贫穷、成功失败、幸福不幸。但同时上帝又是公平的，如果给予了我们美丽，可能

会剥夺我们的智慧与意志；如果给予了我们成功，可能会夺走我们的健康与幸福。与其羡慕别人，不如活在当下，珍惜自己所拥有的一切。

活在当下，懂得欣赏自我、安于现状，也许在不久的将来，你也会成为那个让人羡慕的人呢！

第二，跳脱网络，回归真实

在科技腾飞的今天，好多高新科技都会让我们不禁感慨：世界真是越来越小了！计算机诞生以来，我们敲击键盘的速度远超用笔写字的速度，交流变得更方便快捷；网络产生之后，我们可以随时随地了解到全球的大事小情，鼠标轻轻一划，世界便展现眼前，即使南北两极也可以近在咫尺。不仅如此，实时通信工具、交友社区以及微博等交流方式的推出，更是极大拉近了人们之间的距离。通过网络，失散多年的老同学得以相聚，志同道合的朋友互相了解，而且还能与感觉遥不可及的明星们私聊对话，分享彼此的感受。在节奏不断加快的时代里，我们也不得不用最快捷的方式传递思念、表达情感，并渐渐依赖上网络，有的人甚至开始逃离真实的生活。

小王原本是一个活泼开朗、英俊潇洒的阳光男孩，也曾是大学校篮球队里的超级前锋，拥有"粉丝"无数。然而毕业不久后的小王，性格竟发生了180度的大逆转。他得到某IT公司的认可，成为一名程序员。刚开始工作时，他努力刻苦，但由于其活泼好动的性格，经常受到上司的指责。工作的特殊性，使小王经常守在计算机前，等待随时而来的任务与命令。然而等待的过程是枯燥乏味的，因此小王决定通过网络游戏来打发时间。才刚登录游戏不久，小王就被网游世界中的人物与氛围深深吸引住了。在网游世界里，男人皆好汉。因此小王渐渐迷恋上在这个人人当英雄、事事受关注、有情有爱的虚拟世界中生活，对工作开始不用心，甚至回绝了同曾经的队友一起打球的邀请。就这样，一年后，小王因工作失职而被辞退。

因为网络，原本陌生的人渐渐熟悉，而彼此熟悉的人却形同陌路。我们的生活在键盘和鼠标的指引下发生了翻天覆地的变化，但同时也失去了我们的真实与单纯。如果未来的某一天，你穿梭于大街小巷，见到人人都戴着耳麦，手拿电话不停拨打，见面不再打招呼，如同陌生人一般，那将是一副多么可怕的情景！生活不在别处，活在当下才是最真实的，我们应该划清虚拟与真实的界限，跳脱网络，回归真实。

第三，从实际出发，在当下开始

邻居常阿姨，50多岁，被确诊为肺部恶性肿瘤，得知这一噩耗后，她当即加入了当地某公园组织的抗癌协会。每天除了吃药和例行检查，常阿姨都会在早晨到公园与病友们一起练习抗癌功。由于常阿姨为人乐观，热情好客，态度亲切，面容和蔼，所以成为团队中名副其实的人气之星。个性使然，她还会经常主动接触新加入的病友，和他们谈心，帮助他们放下沉重的思想包袱，重新树立积极健康的心态。在她的鼓励下，很多病友都摆脱了病魔的笼罩，不再惧怕死亡，直面病痛，也燃起了对日后的生活的勇气。久而久之，许多老病友介绍新病友加入时都会说："一定要找常老师聊聊啊！"一名病友在网络上发表了关于常阿姨的故事，引起了某慈善协会的关注，并派专人前去采访。

当常阿姨被问到是如何看待人生时，她笑着说："身患肺癌5年的我，曾经也一度对今后所要面对的病魔感到害怕，但是后来我明白了，活在当下，珍惜现在的每分每秒才是最重要的。"

常阿姨只是一名普通的病人，既不能妙手回春，也无法起死回生，但她

凭借着一颗善良而明了的心，帮助了许多曾和她一样身处焦虑和痛苦中的病友们重拾信心。

人生目标，人人都有，但不是每个人都能找对途径，用对方法，实现目标。对于一个病人来说，终极目标便是痊愈或者延长生命，像常阿姨一样努力珍惜当下时光的人又有多少呢？生活也是如此，在我们犹豫不决时，眼前的机遇与幸福已悄然而去。所以，我们应当放下那些回不去的过往，不再幻想那到不了的未来，注重当下，制定一个合理的目标，并为之不懈奋斗。

篮球巨星姚明在 2011 年 7 月宣布正式退役后，接受了多家媒体的专访。在其中一次访谈中，记者问道："你被称为篮球界伟大的中锋，请问你是怎么看待的？"姚明摇了摇头，笑着答道："我很感谢大家对我有这样的评价，虽然我也十分渴望这份荣誉，但对现阶段的我来说'伟大'这种评价太高，我只是在踏踏实实打球而已。"

其实我们每个人都可以拥有伟大的理想，追求崇高的目标，但切记脚踏实地是高瞻远瞩的前提。只有从实际出发，在当下开始，才能走上成功之路。

方法 9

失去也是一种拥有

快乐的人并非没有烦恼，只是他们善于用乐观积极的心态去化解那些不愉快的存在。同样，苦恼的人也绝非命该如此，而是他们用来寻找快乐的双眼被不良消极的心态所蒙蔽了。

凡事多想想好处，快乐才会常在!

第一，痛苦和失去是成长的必修课

老同学猛子酷爱开车，经常在危险的环形山路上与他的车友们一起飙车。一天傍晚，为了躲避迎面驶来的货车，猛子连人带车跌入了山涧。经过抢救，猛子的命虽说保住了，但他也为自己飙车付出了惨痛代价，失去了一条右腿。在得知这个消息后，同学们纷纷前来医院看望他。病房中的猛子虽吊着点滴，满脸划伤，但他精神饱满。猛子说撞车的一瞬间他只有一个念头，那就是这回必死无疑。在滚落山崖之际，猛子忽然想起了常因自己飙车而愤怒不已的爸妈，瞬间发觉到自己的大不敬。他后悔没有对父母好一点，做个让父母省心的好孩子，但他又怕这次老天会夺走他的生命，不给他悔改的时间。病床上的猛子紧握妈妈的手说："虽然刚满20岁的我就失去了一条腿，不晓得今后的生活会怎样，但通过这次教训，我明白了许多，我会重新做人，过我崭新的人生!"

猛子虽饱受着车祸与治疗带来的苦痛，但他却对人生有了新的感悟，懂得珍惜父母的关爱与家庭的温暖，又何尝不是一种幸福？事实上，我们承受的每一个痛苦，都象征着一个崭新的开始。一个人越是勇于直面挫折、承受痛苦，就越能迅速解决问题，走出阴影。

痛苦，开辟了我们人生道路上的崭新出口，而失去，则像一针营养剂，加快我们的成长，帮助我们拥有更美好的生活。

一位工作多年、经验丰富的医师在总结临床实践经验中发现：被摘除了一个肾脏的患者，往往在其身体康复后，另一个肾脏的生命力开始变得更加旺盛，如同正在努力弥补自身的缺陷一样。同样，肺癌患者的肺叶在被切除

之后，其余的肺叶也会变得更加顽强；失明患者在摘除眼球后，听力与嗅觉也都会有不同程度的提高……由此可见，失去并不一定是件坏事。因为在失去的同时，我们体内的另一方面便会相应地做出弥补。

和身体一样，我们的心理也有强大的力量应对失去。在众多"失去"中，最普遍的当属失恋。我们心碎，被否定，变得无法相信任何人，无法憧憬美好的未来。这道爱情的伤口会永远烙印在我们心中，时隐时痛。其实，我们看到的只是失恋这本书的凄美封面，其真正含义却不得而知。只有看完这本书，失恋过的人才会明白，找出自己的不足，学会爱与珍惜才是失恋的真意。失恋后的我们看到了自己的缺点，懂得爱与被爱，这又何尝不是一种幸福？

当我们明白痛苦与失去的意义时，那我们也就长大了，学会生活了。

第二，在灾难中学会坚强

众所周知，灾难的来临是不可抗拒的现象，是不以人的意志为转移的。天灾也好，人祸也罢，甚至就连我们身边各种形形色色、匪夷所思的小意外，都像是一只恶魔，在和我们玩躲猫猫，我们不知何时会与它相遇，也不知它会何时主动出击。然而灾难这只大恶魔并不会因为我们的恐惧与胆怯就消失，所以我们能做的就只有坦然面对。

在灾难降临时，有一种人常常放纵自己陷入痛苦与伤感的沼泽中，任凭泪水流淌，一遍又一遍洗刷他的脸颊，却躲在悲伤的深渊中无法走出。

有一个家庭就发生过这样一幕惨剧：儿子在加班时突发心脏病，二十几岁便英年早逝。得知这一噩耗后，母亲瞬间崩溃，从此每天都沦陷在丧子之痛中。白天，就抱着儿子的照片泪流不止，念念有词，一会儿呼天抢地，惋惜儿子的早逝，一会儿又破口大骂，埋怨老天的不公。到了傍晚，就带着一瓶烈酒到儿子墓前，直到第二天清晨再回家。就这样几个月后，母亲由于体力透支外加酒精中毒猝死家中。

其实每一次的地动山摇、房屋崩塌，每一次的狂风骇浪、财产尽失，都使我们因亲人的失散而痛哭，为家园的毁灭而伤心。但与此同时，生命的价值与意义在此彰显，陌生人伸出的援助之手温暖我们冰冷的内心，给予我们重生的希望。我们知道，灾难中自暴自弃是没有用的，怨天尤人更是徒劳无益，只有珍惜患难中的真情，传递内心的温暖才是最有意义的。这就是灾难降临时另一种人的态度。

灾难是一把双刃剑，既可以使人精神崩溃，也可以使人更加坚强，关键就在于你如何选择。

第三，善待自己，乐在其中

当今社会，压力丛生，很多人都生活在悲观的情绪之中。年轻人说："工作占据了我们大部分的时间与精力，哪儿有时间享受生活？"等到了中年，他们却说："年轻时奋斗积攒的钱如今全都用到老婆和孩子身上，而且还得继续努力工作赚钱养家，现在的我们是既没有时间也没有钱。"最后到了老年，他们又道："现在我们退休了，时间金钱都有了，但是身体状况却愈来愈糟，享不了几天清福了……"

如果人们长期生活在这种消极的心态下，那他们根本感受不到快乐所在，最终还可能会导致心理失衡。其实，鱼和熊掌永远不可兼得，世界上也从不存在完美，所以我们完全没有必要太过苛待自己。学会善待自己，自得其乐，那么我们就会乐在其中。

美国第32任总统富兰克林·罗斯福的家曾遭遇小偷，丢失了很多珍贵物品，损失惨重。出事后不久，总统收到了一封朋友来函，信中表达了对他深

深的同情与安慰。收到信后，罗斯福立刻写了一封回信。信中他这样说道："亲爱的朋友，谢谢你的来信，我现在很好。首先，我和家人们都没有受到伤害；其次，盗贼偷走的仅仅是一小部分；最后，最应该庆幸的是，他是贼，而我不是。感谢上帝！"

如果一个人懂得苦中作乐，那么不管多艰险的处境，他都会觉得置身于天堂。

中国中华医学会前会长钟南山先生曾发表过一个缓解心理压力的演说："每天都会有三千个癌细胞在我们体内产生，同时一些专门对付癌细胞的自然杀伤细胞也会随之产生。如果我们整天都处于低潮的情绪之下，那么体内抗癌细胞能力就会下降20%以上。在诸多因素当中，最容易让人短命的当属不良情绪与恶劣心境，如恐惧、忧虑、怯懦、贪恋等。"

当然，经现代医学证实，心理的健康状态与身体的健康状态息息相关，良好的精神状态和积极的情绪对抵抗疾病与延缓衰老都起着关键性作用。古人有言："忧则伤身，乐则长寿。"既然人生的道路必定有曲有折，那我们何不微笑面对、乐在其中呢？

"日出东山落西海，愁也过一天，乐也过一天；凡事看开点，心舒坦，人也舒坦。"我们要在顺境中助人为乐，逆境时自得其乐，即使平凡也要知足常乐。只要谨遵这"做人三乐法则"，我们就能心理平衡，健康常驻，快乐长随。

第四章

自我暗示减压法
——给自己正向力量

《相信自己》中有这样几句歌词:"只因为始终相信,去拼搏才能胜利,总是在鼓舞自己,要成功就得努力。"所以,不管是成功还是失败,开心或是悲伤,只要相信自己,并不断给予自己积极的暗示,我们就可以战胜一切,收获崭新的人生!

方法 1

巧妙运用心理暗示法

生产车间里人来人往，工人们十分忙碌，就连老板也亲自来到车间查看产品生产情况。由于适销对路，市场上的需求量越来越大，销售部也需要更多的产品，而这也是老板目前最关心的问题。所以为了提高产量，老板近日频繁到车间查看。

一次，在查看完生产情况，他在生产车间的公告栏上写道："今天的生产量张翰第一，总计400件。"三天过后，他又在公告栏上写道："今天的生产量安雪第一，总计480件。"

就这样持续了一个月，月末时竟然发现产品的总量比往月整整多生产了3万件。这不仅满足了产品的需求量，更使整个生产车间形成了你追我赶、相互竞争的良好氛围，工人们个个精神抖擞，有种绝不认输的样子。

在这个故事中，老板成功地运用了心理暗示法来提高产量。他在公告栏上写的话，实际上就起到了暗示作用，暗示车间的其他人员还得更努力，朝产量第一的员工看齐。但从另一角度来看，生产车间的每个人都产生了压力，于是就形成了你追我赶、互不认输的局面。

心理暗示法确实能够发挥功效，但我们应该如何认识它，并正确运用它来消除工作中的压力呢？

心理暗示不是讲大道理，而是一种提示。从心理机制的角度来看，它只是一种假设，不一定有真凭实据，但由于主观意愿肯定了它，心理上便竭力朝它努力。

美国有一种戒烟电话，当一个戒烟者犯烟瘾时，他就会拨打一个特定的号码，随即就会听到难以忍受的气喘声和咳嗽声。这就是利用心理暗示法帮助人们消灭烟瘾，成功戒烟。

那么，在职场中我们应当如何有效利用心理暗示法为自己排忧解难呢？

第一，采取积极的自我暗示

相同的事情，暗示的话语不同，结果也大不相同。消极的自我暗示会增加自身压力，使问题变得更糟；相反，积极的自我暗示会帮助我们重拾信心，找出圆满的解决方式。同理，人们在面对痛苦与压力时，也可以使用各种自我暗示，比如大难临头时，我们可以安慰自己："再忍忍，很快就会过去的。"这样忍耐的痛苦也就不再那么让人难以承受。

第二，你说行，一定行

很多时候，压力得以减轻，问题得到解决，都是因为我们懂得如何暗示自己。你说行，一定行。在追求成功的路上，我们不妨多设想一下目标实现后的美好与振奋人心。其实这也是一种暗示，会为我们提供源源不断的动力，增强我们的抗挫折能力，并使我们维持一种积极向上的精神状态。

第三，用积极的话语激励自己

当我们感到压力过大时，这说明我们遇到了难题，一件或多件没有解决或自认为难以解决的问题，但也许这正是由于我们消极的心理暗示一手造成的。消除压力的关键，便是拥有信心。如果我们自己都心持怀疑，不相信自己，那么我们不仅不能消除压力，反而还会新增烦恼。

所以，面对压力，我们要学会用积极的话语激励自己，常对自己说"我能行，我可以，我很好"等。只有这样，才能防止消极情绪的趁虚而入，才

可以让我们重拾信心。一旦有了信心，很多问题也都迎刃而解。

每个人都会或多或少受到暗示，因为它是人类所共有的心理特性，是在人类进化过程中自发形成的一种无意识的自我保护能力。例如，当一个人身处陌生又危险的环境中时，他会凭借以往的经验，迅速捕捉到蛛丝马迹，并做出判断。事实上，这个捕捉的过程，也是一种受暗示的过程。

方法 2

积极的行为，美妙的心情

暗示具有一股神奇的力量，它既可以使人变得沮丧、消极，也可以使人变得乐观、积极。暗示还可以帮助我们达成目标，同时又能影响我们的行为举止。但这些完全取决于你是否懂得掌控心理暗示。掌控心理暗示，不仅仅是从外界获取能量，更要依据自己的需要，视情况而论，赋予自己积极的暗示。

那么，从心理学角度出发，我们又应该怎样去理解自我暗示呢？其实，自我暗示是一种依靠思想、语言等方式，自己刺激自己，以影响情绪、情感和意志变化的方法。自信心就是一种积极的自我暗示。面临挑战时，如果一个人自信满满，那他就会鼓足勇气，拼命完成。

有一位先生是一名严重的失眠患者，常年失眠令他痛苦万分。在一次偶然的机会下，一位年轻的女医生给他看病。医生只给他一片安眠药，说："相信吃了它，你今晚就不会失眠了。"果然如女医生所说，那一夜他安然入睡，一觉到天明。

在接下来的两年里，他每天都由那位女医生处拿一片药，然后酣睡一夜。渐渐地，他的失眠痊愈了，他也变得更加快乐、更加健康，不再需要医生的安眠药了。然而他所不知道的是，除了第一天吃的是安眠药外，其余的全都是最普通的维生素。

还有这样一个故事，一个哮喘病人独自外出旅行，途中在一个旅馆内投宿。睡至半夜，他哮喘的老毛病又发作了。他靠坐在床边，但却依然感到呼吸不畅、胸部发闷。他在黑暗中摸索了好一阵子，终于找到了窗户。

然而糟糕的是，他无论如何也打不开那扇窗户。情急之下，他挥拳打碎了那扇窗户。顿时，他感觉到了迎面扑来的凉爽空气。于是，他探身对着被击碎的窗口做深呼吸，感觉到哮喘明显好转。随后他又摸索着回床躺下，不一会儿就再次入眠了。

第二天醒来后，他惊奇地发现昨天被自己一拳打碎的竟是墙上那只挂钟的玻璃。

由此可见，积极的心理暗示可以使一个人的生理和心理状态都发生转变，从而帮助人们消除压力。人，作为一种十分情绪化的动物，极易受到情绪的影响。所以一个善于掌控情绪的人，应该学会如何运用积极的情绪暗示自己，而不是让消极的暗示力量严重地影响自己的生活和工作。例如，当我们面对困难、遭受打击时，我们应该积极地对自己说"我很坚强，不会被打倒"等。因为这样积极的心理暗示，一定会增强自己战胜困难的勇气和自信，从而使心情慢慢变好。

对于那些正处于亚健康状态下的人们来说，积极的自我暗示还能使身体更加健康。因为心情好，身体状况自然就好，而反之亦然，所以在面对工作、

生活中的困扰时，我们一定要学会用积极的自我暗示，保持良好的身心健康。

当然，一个人的行为也会对心情产生某种暗示作用。比如，一个人哭泣，那他就会感到忧愁；发抖，就会感到恐惧。也就是说，行为影响情绪。所以当感到情绪低落时，我们可以改变自身行为，进而影响情绪的变化。生气时，如果对着镜子努力维持几分钟的笑容，那么心情就会慢慢好转。因此，我们可以用积极的行为，让每天的心情都阳光灿烂。

方法3

积极的暗示发挥积极的作用

有句绕口令说得很有意思：说你行，你就行，不行也得行；说你不行，你就不行，行也不行。同样在日本也有一句广为流传的话："一个人如果有成功的决心，那他已经成功了一半，如果总是担心自己失败，那他成功的可能也就已经失去了一半。"

成功的决心是一种积极的暗示，因为决心成功的人必定会不断告诉自己："我能行，我最棒，成功一定属于我。"这种积极的暗示会让自己以更加智慧、向上、热情和自信的状态去实现目标。强调积极的一面，结果就会朝着好的方向发展。

如果一个人遇事只能看到消极的一面，认准自己不行，那么长期处于这种心态之下，就会在不知不觉间产生心理阻力。而在碰到一些小问题时，如果当初的担心得到验证，那他就会变得更消极，更不利于克服困难。

当然，一个人如果过于消极，那么事态就会变得更加严重，随之产生的压力就会牢牢地压垮他。对此,"二战"时期的纳粹德国曾做过一个残酷的实验。

他们将一个战俘捆绑起来,并蒙上他的双眼,然后告诉他说,现在进行抽血!战俘由于被蒙上双眼,就只能听到"滴答"声,好似血滴进器皿中一样。没过多久,这个战俘就发出一阵哀号,然后气绝身亡了。

但其实,他并没有被人抽血,"滴答"声只是模拟出来的。那么,究竟为什么战俘最终会气绝身亡呢?其原因便是心理暗示,是战俘心中被"抽血"的暗示。

当他听到血滴下的声音后,就产生了强烈的对死亡的恐惧,以致肾上腺素分泌加速,最终导致心血管阻塞,因心功能衰竭而死。

从这个实验中我们可以看到,消极的心理暗示带给身体多大的破坏影响力。

无独有偶,心理学家的很多实验都再一次证明了消极暗示会带来不良结果。在实验室里,心理学家让被实验者反复、大量地喝糖水,后经检验,发现其出现血糖增高,糖尿且尿量增多等生理变化。后来,不再给被实验者糖水,只是用语言暗示,但还是出现了同样的生理变化。

当然,自我暗示有消极的作用,必然也有积极的作用。

在美国的一个工厂里,大部分工人不习惯在车间工作,因为他们觉得车间里空气不流通,因此顾虑重重,工作效率低下。后来厂方把一条条轻薄的纱巾系在了窗户上,随风飘动的纱巾,暗示着车间里的空气流动。工人们也由此去了"心病",工作效率不断提高。

从这么多的例子当中，想必你一定已经对自我暗示的神奇作用深有体会，对于"好结果是想出来的"这一说法深信不疑。那么恭喜你，因为现在的你已经懂得如何运用积极的自我暗示去面对工作、生活中的一切了。

第一，工作有问题也是一种机遇

工作的本质就是解决问题，所以遇到困难，不必大惊小怪，也不必怨天尤人，更不必抱怨为什么不幸的总是自己。因为工作中出现问题才能展现自身的能力，如果能妥善处理，完美解决，那么一定会得到更多更大的发展机会。因此，工作中有问题可能代表着一次机遇，我们不应该消极躲避，而要努力解决。

第二，欣然接受问题的出现

当意识到问题可能转化为一个机会时，我们的心态也会随之变得乐观起来。欣然接受问题的出现，是处理好问题的第一步。如果我们在问题面前犹豫不决，就可能没有勇气与信心去解决问题。而一旦我们欣然接受时，身体的无限潜能就会被激发出来。

第三，看向问题好的一面

好结果是想出来的，完美解决完每个问题，都将得到一个好的结果，如积累了成功处理问题的经验，提升了自身能力，展示了自己的才能等。所以，在工作中出现的问题面前，多朝好的方向想想，就不会气愤于问题的不请自来了。

对于现代人来说，事情多、压力大已经司空见惯了，但如果我们用错了自我暗示，凡事悲观、消极，那么只会适得其反，不但不能消除压力、解决问题，反而会使自己背负更沉重的思想包袱。

相信自己，才会有好的结果、积极的回报。如果你觉得自己可以完美解决问题，提高工作业绩，与同事和睦相处，受到下属拥护，得到领导赏识，那么请坚信，你一定可以做到。

总之一句话，只有积极的暗示才会发挥积极的作用。

方法 4
困扰面前万不能消极对待

如果自己过于消极，恐怕真会是赔了夫人又折兵。无论工作是否烦琐、重要，总会遇到许多问题，而每件事又都会关系到公司的成败。

所谓牵一发而动全身，自己工作中的每一个失误都会影响全局。所以，在遇到工作中的各种困难时，如果我们过于消极，压力就会越来越大，从而导致自己因吃不消而陷入尴尬境地，更严重的是，还会磨掉我们原本的自信心。

积极的心态，是每一个成功人士的必备要素，更是消除心理压力的灵丹妙药。我们之所以觉得压力太大，或多或少都与自身的消极心态有关。是自己凡事过于消极的心态，才导致自己深陷压力的旋涡之中，无法自拔。

田娜，28岁，国际贸易专业毕业，在一家外贸公司任职3年。她的业绩一直平平，不上不下。但她认为这和自己的上司有着莫大的关系。因为她的上司傲慢、刻薄，从没给予过她赞赏，反而时常泼冷水。

一次，田娜主动搜集了一些新的环保标准的信息，是有关于国外对公司出口的纺织品类别的，但上司知道后，不但没有表扬她的主动工作，反而批评她对本职工作的三心二意。事后，对于自己业务范围之外的工作，她一概

漠不关心。

在田娜看来，上司之所以从不表扬自己、欣赏自己，是因为她从不像其他同事一样对她阿谀奉承。田娜自己也知道不可能会得到上司的青睐。无奈之下，她选择在公司里沉默寡言，并逐渐觉得自己是真的能力不足。

后来，来了一位新上司。他性格开朗，并经常赞许同事，更是让大家畅所欲言，不要受部门和职责的约束。

在新上司的带动下，田娜也开始积极地发表自己的意见。她对工作的热情空前高涨，并不断学习新知识，学习如何起草合同、参与谈判、与外商打交道……令田娜感到惊讶的是，原来自己的潜能是无限的，从没有想到以前那个默默无闻的女孩，如今竟会为了报价与外国客商争论得面红耳赤。

相信如果其他人处在田娜所在的工作环境中，也会像她一样。因为长期处于不被重视和表扬甚至负面评价满天飞的环境中，受到负面信息的影响，对自我的评价也会降低。相反，在充满信任和赞赏的环境中，人们经常受到启发和鼓励，自然就会努力变得更好。

但是，现实生活中又有多少田娜般幸运的人呢？如果你的上司一直像田娜的第一任上司一样，那你又该如何是好呢？你会像当初的田娜一样，心态消极，自我否定，认为自己没有过人的才能吗？

无论自己身在其中，还是处于旁观，我们都爱把问题归咎于外在环境，如公司的氛围不和谐、制度不完善、上司态度差，等等。难道真的是这些让自己压力增大、心态消极吗？如果我们对此不予质疑，并不知找出自身原因，那么恐怕我们的烦心事会一直相随。

其实，困扰我们的并不是问题本身，很多时候都是消极心态在作祟。它阻碍我们突破自己，打击我们的自信和勇气。面对前途，当我们感到迷惘、挫折时，消极心态会促使我们内心更加恐慌、担忧，而正是这些负面心态，妨碍了我们采取有效的行动。

因此，面对工作、生活中的各种困扰，我们要学会正确运用积极的自我暗示。如果想要突破自己，舒缓压力，那就不能过于消极。

方法 5

让积极的种子在潜意识里生根发芽

潜意识对我们来说虽然神秘，却有着不可小觑的影响力。每一句话都会被自己或他人所记住，沉淀在心里，甚至深入潜意识。

小芳在一家公司担任文秘。有一天经理让她重打一封长信，小芳很不耐烦地说改一改就好，不用重打。这时经理沉着脸对她说："如果你不愿意干，还有很多爱干的人！"

小芳觉得经理是在威胁她，心里很憋气，但是转念一想，经理说的也在理，公司付给自己薪水，就是让自己好好为公司效劳。

原本，她并不喜欢这份工作，但她决定从现在开始，努力爱上这份工作，于是她每天都在心里对自己说："我喜欢这份工作！"过了一段时间，她发现自己真的爱上了这份工作，效率大大提高。

其实，小芳每天对自己说的话就是一种积极的心理暗示，从而改变了她在工作中的情绪。心理学家认为，一个人的意识或潜意识就如肥沃的土壤一

样，如果自己不播撒成功意识的良种，那它就会野草丛生，荒芜凄凉。

那么意识和潜意识到底有什么区别呢？意识是我们的感官状态，我们可以感觉到种种的内部经验和行为，如自身的感受、记忆、需求、焦虑或眩晕等。我们得以坚持有目的的活动并一直向这一目标前进都是意识的功劳。而潜意识是藏在意识下，相对于"意识"的一种思想。潜意识是一种深藏在我们体内的能力，一直存在着，却从未被完全开发利用。不过，如果不让积极的种子深埋于潜意识中，那它就会产生意想不到的消极力量。

如果我们对事过于消极，总是给予自己消极的暗示，那么这种消极行为就会在我们的潜意识中生根发芽。其实，我们所做的一切，受潜意识支配的多达90%。研究发现，在一个人的日常活动中，90%都是通过不断的重复而转化为潜意识中的程序化惯性。同样，消极的自我暗示也能产生惯性。在惯性的支配下，我们无须思考，便脱口而出、自动运作。什么样的情绪种子被种在潜意识里，就会结出什么样的心情之花。如果我们不种下积极的种子，那么消极的种子就会恣意遍布。

美国石油大亨保罗·盖蒂，也曾经是个大烟鬼。在一次度假中，他独自一人开车外出，突如其来的一场大雨，迫使他停留在一个小城的旅馆里。晚饭过后，疲惫不堪的他很快便酣然入睡。

清晨两点钟左右，他从睡梦中醒来，多年养成的恶习使他现在必须抽一根烟。于是他打开灯，伸手拿起烟盒，但不巧的是，里面空了。然后他下了床，翻遍所有的衣服口袋，结果却依然一无所获。他又打开行李寻找，但结果再一次让他失望了。此时此刻旅馆的餐厅、酒吧早已关门，要想抽烟，就只能到几条街外的火车站去买。

和所有有烟瘾的人一样，越是没有烟，就越是想抽。烟瘾难捱下，盖蒂换好衣服，准备出门。正当他伸手去拿雨衣的时候，他突然停住了。他认真地问自己："我到底在做什么？竟然仅仅为了一包烟，打算在三更半夜离开旅馆，冒着大雨横跨几条街。"

真是荒唐无比！想到这儿，盖蒂当即决心戒烟，他把那个空烟盒揉成一团扔进纸篓，换回睡衣躺到床上，然后带着一种解脱甚至还有些胜利的感觉很快就进入了梦乡。从此以后，盖蒂就真的再也没有抽过烟了。

我们的心态会随着消极的暗示而变得消极，就如同保罗·盖蒂一样，被坏习惯牵引着，却又无可奈何。不过他是幸运的，因为他后来发现了埋藏在自己潜意识里积极的种子，并最终改掉了这一坏习惯。

想想自己在潜意识里种下了什么，再想想潜意识里的消极种子是否影响了我们的生活？如果你在问题面前心烦意乱，又或是面对压力无法自拔。那么，就学会用积极的自我暗示提升自己吧！这样，你的潜意识会渐渐被撒上阳光心态和乐观行为的种子。积极的种子一旦种下，消极的种子必将消失，而当积极的种子在你内心深处生根发芽、开花结果之时，压力也会随之舒缓，进而换来一身轻松。

方法 6

扼杀消极情绪于萌芽状态

工作本身就是解决问题，实质就是妥善解决。懂得了这个道理以后，无论我们在工作中遇到什么难题，都会积极面对，想办法解决，而不会消极怠

工，逃避退缩，因为那样只会被工作压力压垮。

美国著名作家爱默生曾叙述过这样一个故事。一年夏天，一个爱好诗歌的年轻人找到他，希望他可以不吝赐教。一番交谈后，爱默生发现这个小伙子极具文学天赋，认为他将来一定会在文坛上大有作为。

于是爱默生就把这个小伙子写的一些诗稿推荐给文学刊物发表，想要就此提携他。由于两个人的住处相距甚远，所以他们就频繁地来往书信。

不过，渐渐地，爱默生发现，小伙子虽然才思敏捷，又对文学问题见解独到，但他却一直没有寄来新的诗稿。在一次回信中小伙子说道："我要完成一部完美的长篇史诗，所以我要舍弃所有不完美的作品。"

转眼到了秋天，小伙子告诉爱默生那部长篇史诗仍在创作当中。爱默生并没有催促他，然而等到冬天来临时，小伙子在信中已经几乎对那部长篇史诗只字不提了。

直到有一天，小伙子终于在信中向艾默生坦白，自己这么长时间以来什么都没写。因为他觉得自己的能力与历史上所有伟大的诗人不相上下，但自己写出来的东西却不甚完美。小伙子很担心自己的作品会被爱默生嘲笑，所以选择了放弃。

每个人都讨厌被嘲笑，但当你采取行动、努力实现理想时，别人嘲笑你的概率反而会大大增加。当然，工作中也会发生很多被人嘲笑的事情，但这绝不是唯一的让自己压力变大的原因。那么，我们应该如何解决这些问题呢？答案就是：调节自己的心情，学会积极地自我暗示。只有这样，我们才会远离工作压力带来的困扰。

所以，当消极的情绪向我们袭来时，我们应暗示自己立即停止，扼杀它于萌芽之中。压力来袭，我们不能总指望别人的帮助，而是应学会用积极的自我暗示排忧解难。我们要鼓励自己、相信自己，及时制止消极情绪蔓延。

当伤心或是失败时，我们也应学会用积极的心态暗示自己。我们每个人都不会一直一帆风顺，当我们遇到不顺时就应该这样想：不会比这更倒霉了，以后必定峰回路转，柳暗花明。因为这阳光般积极的心态，我们心中的压力与烦恼也随之烟消云散。

其实，人的心态就是这样，想着美好的事情，就会有美好的心态；想着邪恶的事情，心态自然也会邪恶。想什么就会有什么样的心态，所以在自我暗示时，我们必须要立即终止消极的情绪，扼杀它于萌芽状态，永远不要自我否定，对自己说"我不行"、"我不好"、"我会失败"等。

同时，我们也要注意及时消除他人对自己的消极暗示，扼杀它于萌芽之中，迅速营造积极的情绪。积极的情绪一旦营造起来，就会形成一股无形的力量，帮助我们改变环境，把每一次的失败都当作最后一次。

另外，当我们心情不佳时，还可以通过转移法化消极情绪为积极情绪，如回忆过往的美好，或者读几则笑话，看一部喜剧等。总之要牢记，凡事不能过于消极、悲观，只有积极的心理暗示，才会使我们的心明亮起来。

方法 7

拥有弹性心灵，轻松摆脱压力

我们生活的环境，每天都变幻无常，因此身心都需要具有一定的弹性。只有在任何环境中都能屈能伸、游刃有余，才能有效地舒缓自身压力，悠然

自得地生活。

第一，从压力中"拔出"

生活中，压力无处不在，学业压力、工作压力、经济压力、感情压力、人际压力……我们肩上扛着种种的压力，不仅前进的速度有所减慢，连向前的步伐都受到阻碍。所以，我们总希望着能够无压力般轻装前进，然而却没有一个人可以做到这点。如果空气失去了压力，我们就会因呼吸衰竭而死；如果血液失去了压力，我们就会因关节坏死而瘫痪。这不仅证明了压力存在的必要性，也使我们明白，适当的压力不是累赘，而是一针强力剂，能够激发身心的活性。

一批应届毕业生到某鞋厂实习，人事部门将他们两人分成一组，安插到不同的岗位上学习。孔丹与张明亮一同被安排到生产一线进行实习工作。孔丹每天准时上班，认真学习，按部就班地完成每项工作，一切都有条不紊地进行着。相反，张明亮性格开朗，有些粗心大意，但由于生产线对工艺和针脚的要求都非常苛刻，不够仔细的张明亮经常遭受批评。因此担心过不了试用期的他，心理压力更加沉重。为了能够得到这份工作，张明亮愈加卖力工作，希望在产量上战胜孔丹。所以，他经常加班，可谓是废寝忘食，忙得昏天暗地的他，甚至连自己的生日和朋友的聚会都不记得了。但是实习期满后，人事部门决定只留下孔丹，辞退了张明亮。原因是：公司认为，张明亮像一部失控的机器，只会每天发狂地工作，这说明他没有弹性，而公司是不会聘用这样的人的。

当我们感到身心压力过大时，就会和张明亮一样，陷在压力里无法自拔，只知拼命地埋头苦干，甚至忘了这样做的原因，这样必然无法达到预期的目标。如同天上的阳光，和煦的阳光让我们在冬日里感到丝丝暖意，但如果阳光的强度被增加10倍，那么它就会宛如一个火球，烤熟我们。因此，在压力面前，我们一定要使身心充满弹性，以此来调节压力，使它处于适度的范围内。

第二，拿得起，更要放得下

孟女士才30岁就已经是某上市公司的行政总监，对工作兢兢业业、一丝不苟的她，像极了一位严厉冷酷的女王，然而工作之余中的她又像姐姐一样亲切可爱。同时她也拥有幸福的家庭，是大家眼中名副其实的成功女性。可是，她却总是唉声叹气，不经意地显露出一种忧郁的神情。聊天时，孟女士说："虽然目前一切都还不错，可是只要一想到女儿的入学、老公的升迁，我就头痛不已。女儿在学校会不会被同学欺负，能不能认真听讲呢？老公升迁后在国外深造的几个月里，他会不会安分守己，抵抗住外界的诱惑呢？如果他顺利升职，那么收入也会随之增加。但是他还会对我和女儿一如从前吗？他会不会变坏呢？"孟女士因为常常烦恼于家事，整个人也显得异常疲倦。丈夫出国不久后，她便小病不断，满面愁容，无精打采，就连工作也不复以往那样神采奕奕，可谓是未老先衰。

孟女士之所以感到疲惫不堪，一是因为她过于重视自己与女儿、丈夫间的感情；二是因为她总是把一些自己看重的事情悬在心里，不肯放下，所以导致自己越来越累。久而久之，这种杞人忧天就会使心理疲劳，甚至最终成为心理障碍。

英国科学家贝佛里奇曾指出："疲劳过度的人就等同于正在追逐死亡。"可见，拿得起却放不下的忧虑心理会对我们的身心造成巨大的危害。唐代著

名医药家孙思邈享年102岁，他的长寿秘诀就在于："养生之道，常欲小劳，但莫大疲，莫忧思，莫大怒，莫悲愁，莫大惧，勿把愤恨耿耿于怀。"因此，我们为了自己的身心健康，要及时摆脱杞人忧天的情绪，做到拿得起更能放得下。

人世间最复杂的就是感情，如果能够理智正确地处理好每一段感情，那我们就能远离纠结与困惑，过上轻松快乐的生活。我们如果仅做到拿得起却放不下，那就会招惹到一些不必要的疾病和麻烦；如果能够做到放下忧愁，用微笑代替那些无谓的眼泪，那么我们就能走出忧郁的阴霾，享受放下的幸福。

当我们不再耿耿于怀于那些微小的不公，不再纠结于未来的惴惴不安或过往的伤心难过，那我们也就真正做到了拿得起也放得下。《幽窗小记》曾有言："宠辱不惊，看庭前花开花落；去留无意，望天上云卷云舒。"这就是教导我们要增强内心的弹性，拿得起，更要放得下。

第三，保持心灵的弹性

小曼是个身材纤瘦、相貌清秀的漂亮姑娘。通过和她的聊天，我发现她虽然外表看似潇洒坚强，但内心却十分忧郁脆弱。小曼说，她每天的心情无比起伏，常常会因为一些鸡毛蒜皮的小事就一蹶不振。如果清晨拉开窗帘，看到的是阴雨连绵，那她的心情就会莫名低落，一整天都没有精神；如果办公桌上的盆栽枯萎死亡，那她就会对生命的无常顿生感慨，然后在工作中唉声叹气；如果下班后与男友约会逛街，沿街遇到乞讨的流浪者，那她就会对这个世界的不公和现实生活的残酷发出叹息。工作中，只要上司对自己有些许不满，小曼的情绪就会低落到谷底，甚至打算辞职；生活中，只要与男朋友发生一点争吵，她就会终日以泪洗面，寻死觅活。就因为这样，与她相处一段时间过后,几任男友都出现了不适之感,最终无奈选择分手。其实,小曼的家境与个人条件都很好,没有必要活得如此忧郁。导致她经常不堪一击、可怜兮兮的罪魁祸首,就是她那缺少弹性的心灵。

如果一个人的心灵弹性不足,那么他就犹如一件易碎品,容易受伤,轻易就会毁灭。案例中的小曼就是典型的心灵弹性不足,这种人在压力面前往往首先就自乱阵脚,把事情无限放大、变难,最终导致心力交瘁,沦为失败者。

还有的人与小曼正好相反,他们真诚坦率,刚直不阿,从不妥协,讨厌虚伪做作。这种人虽说心地善良、说到做到,但是他们过于刚强坚硬的个性也会让人觉得难以接受。

在现实生活中,我们应该把自己的内心变成明亮的窗户、柔韧的藤条,学会用灵活多变、富有弹性的心灵面对一切。当事业陷入低谷时,保有一颗平常之心,依据自己的兴趣开发新能力,开拓新领域;当感情处于低潮时,依旧泰然处之,做个深呼吸放松身心,全心全意付出的同时也要告诉自己:任何结果我都接受。

拥有弹性的心灵,我们才会做到不以物喜、不以己悲,才能在面对人生旅途中的各种考验时都从容不迫,轻松化解。

方法 8

放弃与放下，收获新的人生

我们常常把精力消耗在犹豫与憧憬之间，举棋不定，甚至还会做出错误的判断。其实，放弃与放下一样难能可贵，最重要的就是我们明白该放弃什么，又该放下什么。只有这样，我们才能在生活中拥有泰然自若的心态，在逆境中找到幸福快乐的存在。

第一，懂得取舍，放弃与放下一样难能可贵

一个公司职员，由于焦虑窘迫，来到寺庙请求方丈开示："师父，我觉得我已经处于崩溃的边缘了。前段时间，公司'空降'的一位主管把我调到了另一个团队工作，但由于这个团队和我曾经的团队处在竞争对手的位置，所以被调到这里的我经常遭到排挤。不论我是自掏腰包请客，还是主动示好献殷勤，他们都还是疏远我，常常在私底下交头接耳地议论我。甚至有的同事还到上司那里搬弄是非，说我私生活混乱，工作偷懒，更荒唐的是还说我是个小偷。新来的上司从不让我解释，不分青红皂白地就指责和惩罚了我。在我工作遭遇低谷的同时，女朋友也听信谣言，向我提出分手。相处了5年的我们，一直恩爱有加，我真不想因为这流言蜚语就跟她分开。我现在真的快要崩溃了，求求您告诉我，我到底该怎么办？"方丈沏了一杯清茶，递给他，然后意味深长地说道："年轻人，学会适时放弃，并能做到放下一切。"

我们赖以生存的这个社会，每天都充满了各种压力和挑战，责任、义务、理想、原则，好多东西都压在我们的肩上。当一个人负担太重，承受过多时，不良情绪就会在他的心中慢慢堆积起来，他也会因此而变得忧郁。直到有一天自己被重担压垮，濒于崩溃，他就会彻底颠覆自己的原则和理想。这时，如果我们能做到方丈所言，懂得取舍，分清放弃与放下，那么我们眼前就会是一个崭新的世界。

放弃与放下虽然意思相近，但还是有本质上的区别。放弃是一种来自于我们身心的行为，让我们断绝、离弃原本执着、渴望或厌恶的一切。很多时候，放弃都是一种无可奈何的选择，纵然心中万般不舍，但仍然要逼迫自己脱离这一切。当贪婪和欲望这两只魔鬼纠缠着我们时，一定要清醒地告诉自己：是时候放弃了。但是，在变幻莫测的股市风云中，很多人就不知道要放弃。为了弥补损失，或是获利更多，他们不知疲倦地将钱投向贪婪魔鬼的口中，最终一无所有地葬身股海。如果他们能够在合适的时间选择放弃，那下场也不会如此悲惨。尽管放弃的过程是痛苦、无奈的，但我们终会控制局面，化险为夷，所以放弃还是值得的。

放下来自于我们的内心世界，是一种彻底的醒悟，是一次对心灵的松绑。它扫除了我们的责怪与怨恨，教会我们用一颗包容宽厚的心去面对世间万事万物。能够随时放下的人，必定能淡然地看待一切，逆境与否，他都能不为所动，随缘面对。拥有这种心境，我们就能够化悲愤为慈悲、化邪恶为友善，逃离一切烦恼忧愁，悠然自得地生活。在外界的流言蜚语、恶意中伤甚至是意外变故前，如果我们能够真正做到放下，不抱怨责怪，不怀恨在心，那么我们就能冲破一切阻碍，收获内心安宁。

放弃与放下一样难能可贵，我们应该学会取舍，懂得适时选择放弃，同时能够做到随时放下一切，这样才能拥有人生的大智慧。

第二，清楚自己该坚持什么，又该放弃什么

时间不等人，时代飞快地向前发展，我们在竞争的风、压力的雨中匍匐前进，努力追赶时代的步伐，生怕自己被甩在身后。渐渐地，我们的眼神不再炯炯发光，笑容不再明朗和煦，身心不再活力焕发。造成我们这样的原因就在于我们不懂得取舍，不知道什么应该坚持，什么又该放弃，总是在面对一道道选择题时犹豫不决、举棋不定。

薛茜刚刚被男友甩了，对于这段维持了两年的感情，她悲痛不已。虽然男友已经坦言另有新欢，但是薛茜仍不死心。她每天都发送上百条短信给前男友，还经常到公司找他，甚至哭着当众跪地求和。前男友不堪其扰，一气之下，选择与新女友结婚，并用这一纸证书警告薛茜，尽早放弃这段感情，不要干扰他人夫妻生活。薛茜瞬间崩溃，久久无法走出感情的阴影，每一天都精神涣散。

某天傍晚，阿勇的女友突然对他说："我们分手吧！虽然我们在一起度过了4年的欢乐时光，但你现在无房无车，我的父母是绝不会同意我们结婚的。我不想再耽误你了……"女友的话一刀刀割着阿勇的心，对于这个突如其来的事实，他根本无法接受。于是，他辞掉工作，夜夜买醉，每天都沉浸在烟酒和眼泪中，整个人也变得颓废。其实，阿勇的工作原本非常稳定，每月固定的收入，外加年底可观的分红。如果合理规划收支，再过几年他就能够买上一套满意的房子，所以他完全无须沉浸在盲目的痛苦中。对于阿勇来说，最好的办法就是制订一份理财计划，并说服女友坚持下去，用实力和担当证明自己。

很多时候，我们不是拥有太少，而是想要太多。大千世界，诱惑众多，我们太容易动心、奢望、幻想。站在人生的十字路口前，有多少人能够把握住自己，依照道德标准和个人能力做出合理的取舍与选择，又有多少人能够控制住欲望，不让自己迷失呢？上述案例中的两个年轻人，都是因为坚持了自己应该放弃的，放弃了自己应该坚持的，才会偏离了轨道，与幸福和希望愈来愈远。

第三，清除心灵的垃圾，快乐生活每一天

欣怡个性外向、阳光开朗，是一名广告企划员。她所在的公司，80%都是年轻人，工作氛围轻松，同事关系融洽。一年前，公司来了一位新人帅哥，他口才了得，而且穿着时尚，一时间很多女同事被他吸引，并纷纷向他示好。但是没过多久，他就遭到大家的讨厌。因为这位帅哥是个花心大萝卜，不仅到处招蜂引蝶，而且手脚也不太规矩，总是借机骚扰女同事。他也曾想对欣怡动手动脚，虽然没有成功，但欣怡却十分愤慨，一直耿耿于怀。一次午餐会上，和女同事谈起了这件事的欣怡气愤地说："我一定要好好报复他一下。"听了欣怡的话，女同事说道："你这不是在报复他，分明是自己和自己过不去！他辞职已经一年了，你还在为这样一个男人绞尽脑汁，这简直就是自我惩罚！"

其实，几乎每个人都和欣怡一样，把一些让自己耿耿于怀的人，或者让自己无法释怀的事藏在心中。比如，为了逃避责任，而把失败的原因全都推到你身上，让你做代罪羔羊的上司；你把无人知道的秘密告诉发誓为你保密的死党，可是没过几天，你却发现这个秘密已经人尽皆知……我们把这些怨恨的人和事像堆垃圾一样，堆积在我们心里。我们一味地背负着这些精神

垃圾，反复回味着曾经的伤痛，却忘了扪心自问："这么做有意义吗？它能改变什么？"

实际上，即使我们背负再久，那些垃圾也不会起到任何作用，只会使我们不再轻松愉悦，变得满腹牢骚、斤斤计较。但我们却心甘情愿地被它折磨、受它惩罚，让它盘踞在我们脑内，消耗心灵的力量，浪费宝贵的人生。

如果能够将心中那些毫无意义的垃圾完全清除，你就会恍然发现，原来和自己过不去的就只有你自己。就像儿时的玩伴，只因一次激烈的争吵就大打出手，从此分道扬镳，发誓老死不相往来。但若干年后，长大成人的我们在职场中彼此偶遇，激动相拥，感受到当初那纯真质朴的温暖感觉，谁还会斤斤计较于儿时的争吵，或是当初说过的绝情话呢？

所以，我们应该定期扫除自己的心灵，将那些毫无意义、不值得被记忆的事情打包扔出去，预防它们消耗我们的能量，在我们的心中发霉变质。多收集一些快乐温暖的画面吧，让幸福洒满心灵的房间，让生活每一天都轻松愉悦。

方法 9

用信念打造强壮心灵

爱因斯坦曾说过："人的意志如果由百折不挠的信念所支持，则会比那些看似无敌的物质力量更具有威力。"信念是内心的火种，是身体的强心剂，只有心怀信念才能走向成功。

第一，信念强壮身心

卡尔·西蒙顿博士是美国的一位著名癌症医生，他主张用精神的力量战胜病魔，并成功运用"想象疗法"治愈了自身的皮肤癌。在一次公开课上，他对自己的学生和患者们这样说道："为什么化疗只适用于某些病人？为什么食疗或吃药也可能让人失去生命？人们之所以能从癌症中康复，其原因就是他们的信念在发挥作用。病人如果真心相信治疗方法，就会因为接受治疗而产生希望，并积极地面对未来的生活。因为这种向上的心态会直接作用于大脑，产生有利于免疫系统的激素与化学物质，从而主动进行身体修复。因此，身为医护人员的我们，必须不断激励患者，帮助其树立积极的信念，以此激发他们深藏的强大的自身修复能力。"

从精神层次的概念来说，信念拥有着无限强大的力量。这股力量能够使人们在面对黑暗和恐惧时不再感到害怕，如同一盏明灯，照亮我们前进的道路，增强我们对未来的信心与热情。当我们树立起积极正面的信念后，就会像一个闪烁着的发光体，不仅温暖他人，更照亮他们前行的路，并给予他们更多的力量与勇气。

美国的《人物》周刊曾经破天荒地把封面图案定为一只狗，并在书中对它进行了这样的描述："它作为一种力量，降临在当今浮躁的美国，它是一盏路灯，照耀着任何一位迷失者的前方，笃定而快乐；它是一种幸福，隐藏起眼泪和悲伤，只显露笑容与歌声。它是一只名为 Faith（信念）的狗，一只像人一样用两条腿直立行走的狗。"

原来，这只名叫 Faith 的小狗生来就是残疾，因为没有前腿，被它的妈妈嫌弃，拒绝哺育，而它的主人也认为它无法继续存活，准备把它安乐死。这时，另外一个家庭发现了它，并毫不犹豫将它收养。这一家人对小狗的坚强健康深信不疑，于是就叫它 Faith。从此，Faith 就真和人们一样用两条腿走路，每一天都快乐坚强。很快，Faith 的故事在当地流传开来，很多机构都竞

相邀请它和它的主人。

在医院，受伤的人们因为 Faith 重新拥有勇气战胜病魔；在少年管教所，顽劣的孩子们因为 Faith 而感动流涕；在养老院，孤寡老人们因为 Faith 而重获温暖，露出久违的笑容……一只残疾的小狗告诉我们人类：直立行走，风景更加美丽！无论我们遇到任何不幸与灾难，只要心中有信念，都会看到希望与生机。

第二，自己的信念自己掌握

一位花样少女，满面愁容地来到心理诊所说："男朋友要和我分手，我不想活了。"听到这话，在场的医生无不露出惊讶的表情。眼前这个女孩皮肤白皙，身材娇小，大眼睛，小嘴巴，像极了可爱的洋娃娃，为什么会有轻生的念头呢？医生请她说说自己的故事。

女孩哽咽道："他是我的学长，也是我上学时的暗恋对象。毕业那天，他走到我的面前，捧着我的脸，向我告白，他说全天下最可爱的女孩非我莫属，他想一辈子照顾我、爱护我。虽然我知道当时的自己一定不是全天下最可爱的女孩，但是我相信这是他的真心话，于是就点头答应了。在一起的日子里，我努力朝着更加可爱的方向改变，希望讨他欢心。可是仅仅两个月后，他就提出分手，还说已经另有新欢，从此一刀两断。曾经的山盟海誓、甜言蜜语还历历在目，如今说不爱就不爱、说分手就分手，我实在不能接受。对于任何人说的话我都不再相信，包括我自己。我觉得当初就不应该答应他，自己真是个毫无判断力的大傻瓜，一想到这些我就没有活下去的勇气！"医生听完她的话后认为，这个女孩如此痛苦和沮丧，就在于她没有掌握住自己的信念，而是把它交给了别人。

生活中像案例中的女孩一样，不知不觉中把自己的信念转交给他人的人比比皆是。比如说，一个青年男子虽性格内向，但对待工作谨慎认真，解决了很多紧急事故，因此在公司中有了"全能人才"的称号。由于在言辞、幽默方面并不擅长，为了让自己对得起"全能人才"这个称号，他积极参加各种讲演和选秀活动，但结果都以失败收场。于是，他从此一蹶不振、颓废消极，甚至连本职工作都不能完成，变成了一个真正意义上的失败者。

再比如，一个女孩子总被同学们说她长相一般，不够漂亮，于是她就默默认为自己真的并不美丽，从此以后，面容愁苦，举止局促，整个人陷入沮丧和自卑的泥沼当中，无法自拔，失去了原有的活力。

生活是一个多面体，只有我们自己才能看透自己，所以他人对我们的评价不可能是全面的、客观的。因此，我们没有必要把自己的信念转交给他人，自己的信念应该自己掌握。每个人的审美标准都不尽相同，所以除了你自己，谁也没有权利决定你是否美丽。如果我们把心中的信念转交给别人，总是因他人的评价而影响自己的意志与行为，那么我们只会变得悲痛和绝望，最后在疲惫不堪中逐渐崩溃。

作家塞缪尔·约翰逊曾说过："伟大的作品不能单靠力量，更要靠坚定不移的信念完成。"人生就像是一本小说，而我们每个人都是自己小说的作者。如果一个人把信念转交给他人，那他的小说里一定充满凶险、步步惊心、悲剧收场。只有把信念掌握在自己手中，并正确用其支撑心灵的人，才能储藏勇气、汇聚智慧、积攒经验，撰写出一部无与伦比、辞藻华美的美妙篇章。

第三，对自己说"我很重要"

"我很重要！"这句话虽然平常，可是又有多少人有勇气昂首挺胸地向别人郑重宣告？从出生以来，"我很平凡"、"我不重要"的思想便不断被输入我

们脑中。作为一名普通的学生，在团体的荣誉面前，我们似乎不够重要；作为一名一般的士兵，在辉煌的胜利面前，我们好像也不太重要；作为一个微小的生命个体，在浩瀚无垠的宇宙面前，我们更是微不足道。可是，我们真的那么不起眼、那么卑微、那么不重要吗？

世界知名交响乐指挥家小泽征尔用自己的亲身经历告诉我们，重视自我对成功的意义巨大。

在一次世界优秀指挥家大赛上，参赛选手们都需要按照给定乐谱进行指挥演奏。但在演奏时，小泽征尔突然发现乐曲中有不和谐的音符出现。一开始，他以为是乐队演奏出了问题，就指挥着重来一遍，不过这一次他仍觉得不自在。这时，在场的所有权威人士都郑重声明乐谱是正确的，一切不和谐都是小泽征尔的错觉而已。他被大家弄得万分尴尬。

在这庄严恢宏的音乐厅内，面对上百名国际音乐大师和权威人士的否定，他也不免对自己的判断产生了怀疑，但是他思考再三，还是决定相信自己的判断，于是他大吼一声："不对，乐谱一定错了！"他的话音刚落，评审裁判台上就响起了如雷般热烈的掌声，评审委员们纷纷祝贺他勇夺第一。原来，这是他们精心设计好的圈套。

我们每个人都是自己人生舞台上的主角，所以我们应该眼神坚定、声音沉稳地告诉所有配角和现场观众："我很重要！"因为这四个字会成为一种信念，强有力地支撑着我们的内心世界，让我们远离软弱、害怕，何时何地都能保持清醒，勇往直前。

方法 10

克服自卑，超越自卑

众所周知，自信会让人变得美丽，变得快乐。即便如此，仍有很多人难以自信起来，走出自卑的阴影。有调查显示，自卑是一种普遍的心理现象，多产生于意识到自己某方面不如人，能力不够强，并因此开始苦恼。

凡人也好，伟人也罢，都会或多或少地产生自卑心理。而当自卑心理过多时就会转化为一种消极的心理状态，从而吞噬掉人们的快乐，阻碍人们聪明才智的发挥，限制人们的创造力，严重时还会引发自闭症、抑郁症等，是我们人生路上的一大绊脚石。

著名的奥地利心理分析学家 A.阿德勒在《自卑与超越》一书中曾提出过这样一个极富创新性的观点，他认为，人类的一切行为都来源于"自卑感"以及克服和超越"自卑感"。人们总是习惯把"我不好"、"我不行"等诸如此类的标签贴在自己身上，或许这就是人类自卑的根源所在。这种心理暗示一旦产生，就很难被摆脱掉。而且你可能并没有意识到这就是你的敏感、压力的源头。所以，如果你想坦然面对生活，不断靠近自己的梦想，你就必须要克服自卑，超越自卑，把心里"我不好"、"我不行"的标签彻底撕掉。

在美国密歇根州一所山村小学里，一天，一位老师给同学们上了一堂特殊课。老师要求全班每个同学都以"我不能……"开头，列举出自己认为做不到的事情，比如"我不能考到满分"，"我不能让人人都喜欢我"，"我不

能在运动会上得冠军"……而她也和同学们一样在纸上罗列出自己认为做不到的事情。

半节课过去了,很多同学都写了不少的"我不能",更有同学几乎已经写满了两张纸。这时老师要求大家把写好的纸条对折后投进讲台前的一个事先准备好的空鞋盒里。

学生们相继投完纸条后,老师也把自己的纸条投了进去。然后,她拿着盒子,带领全班同学走出教室来到操场。随后她在操场的角落里挖了一个洞,学生们对老师的举动好奇不已,只见老师把那个盒子深深地埋进了那个"墓穴"里。

这时老师注视着在这块"墓地"四周的学生们说:"孩子们,现在请你们手拉手,低头默哀。"

有些孩子恍然大悟,开始明白了老师的用意。于是学生们很快便手手相牵,围绕"墓地"组成一个圆圈,然后都低着头。只听老师沉重地说道:"朋友们,今天是'我不能'先生的葬礼,在此我很荣幸能够邀请到各位前来参加。这位曾与我们朝夕相伴的'我不能'先生在世的时候,对我们每个人的生活都有影响、改变,有时他的影响之大远超任何人。从今天开始,'我不能'先生将长眠于此,希望您能够安息。同时,我们希望您的兄弟姐妹'我能行'、'我愿意'、'我最棒'等能够继承您的事业,陪伴我们左右。最后祝愿'我不能'先生安息,也希望我们每一个人都能够精神抖擞,勇往直前!"

接下来,老师又把学生们带回教室。当他们一起吃着饼干、喝着果汁,欢庆越过了"我不能"这道心坎时,老师又做了一个纸墓碑,上面写着"'我不能'先生安息吧",并在底端写上了这一天的日期。这个纸墓碑就被老师悬挂在教室里,时刻提醒着大家已经没有"我不能……"了。

这个活动象征性极强，而且意义深远，在每个学生的心上都留下了深刻的印象。每每遭遇到困难时，这些学生都会想起"我不能"已死，进而积极地面对，想办法解决。多年过后，这些学生几乎都成为了优秀人物，因为他们懂得树立信心，勇于克服困难。

从心理学角度出发，自卑是一种消极的自我评价或自我意识。一个自卑的人往往不能对自己的形象、能力和品质做出正确的评价，总是习惯用自己的不足对抗别人的强处，这样便会觉得自己事事不如人，抬不起头来，从而越来越没有自信。那么，究竟怎样才能摆脱自卑的束缚呢？心理学家给出了以下几点建议：

第一，为自己加油打气

自卑是自信的俘虏，每天对自己说"我能行"。只要你为自己加油打气，认定自己有能力胜任，那么，努力就一定有收获，一定会达成目标，完成任务。当你的自信树立之后，自卑也就自然而然地灰飞烟灭了。

第二，了解自己的优缺点

把自己的特长、优势、能力全部罗列出来，哪怕是再微不足道的东西也不要漏掉。这时，你会发现自己还是有很多优点的。随后再罗列出自己的弱项，不要自欺欺人，也不要过于看重它，我们可以采取两种途径积极地补偿。一是以勤补拙。知道自己在某些方面不如人，就要卸下思想包袱，以最大的决心和顽强的毅力，勤奋好学，提升自我。二是取长补短。对于一些如生理缺陷一样无法改变的事情，我们要学会取长补短，寻求从其他方面的突破。你要相信，上帝给了你一短，必定就会补给你一长，但是你只能依靠自己发现和守护好这份礼物。

第三，分析自卑心理产生的原因

每个人的自卑情绪都事出有因。我们一定要怀有"打破砂锅问到底"的精神，对自卑心态产生的深层原因进行分析，并让自己明白究竟是什么原因导致自卑情结的形成。不要在失败经历的回忆里沦陷，要把脑海中失败的意象尽早赶出去。要知道，它们可是来者不善。同时，学会向前看，相信未来的那个自己。

第四，看看自己胜利的纪念品

当具有纪念价值的物品出现在我们的面前时，往往会勾起我们无限的联想。比如，当你看到奖状、奖杯时，便会回忆起以往获得胜利时的情景，而这些回忆通常会再次点燃你内心的自信，帮助你克服自卑的情绪。

自卑到自信的路上荆棘遍布，但人人都能看到这条路，只要你相信自己并努力改变，就一定能克服自卑，舒缓压力。同时，你也要信赖自己，正如拿破仑语录中有这样一句话："一个人应该信赖自己，那么即使在危急关头，你也会对自己的勇敢与毅力深信不疑。"因为相信自己就等同于肯定自己、接受自己，只有积极地认识自我，才能对生活的挑战无所畏惧。

方法11

学会放下，减负心灵

每个人的心里都有一定的容积，不可能装下所有的东西。就像盛满水的杯子，只有将里面的水倒出，才能装进另一种液体，我们的心灵也需要这样定期地清扫。身为凡夫俗子的我们，没有把一切会给心灵造成负担的东西都屏蔽掉的能力，所以，就需要定期地给心灵做个大扫除，放下应该放下的，使心灵减负，令本真还原，享受真正的轻松。

有一个人觉得自己每天都不堪重负，生活没有丝毫乐趣可言。于是，他就向一位德高望重的哲人讨教。

哲人递给他一只竹篓，说："背着它上路吧，记住每走一步都要往里面扔一块石头，体验一下是什么感受。"

那个人虽然迷惑不解，可还是依照哲人所说去做了。没想到仅仅刚走了几百步，他就感到背负太重走不动了，因为竹篓已被沉重的石块填满。

"知道你为什么每天都那么不快乐吗？原因就在于你背负的东西太过沉重，已经压垮了自己，榨干了生活的乐趣。"

哲人一边把石块从竹篓里一块块取出，一边说道："这块是功名利禄，这块是名誉声望，这块是耿耿于怀，这块是斤斤计较……"当扔掉大半篓石头后，那个人重新背起竹篓，感觉走起路来无比轻盈。

原来，获得轻松的方法很简单，那就是放下。放下，意味着看得开。如果总是记着那些不如意的事情，只会让自己变得更加不开心。所以，应该坦然面对不快乐的事情，遇事处乱不惊；应该在面对工作、生活中的琐事时，做到该放手时就放手；应该忘记以往的恩怨情仇，从此不再纠缠。不要为自己徒增烦恼。只要看开一切，就会瞬间感到如释重负，体会到前所未有的轻松。长久以来的苦闷和烦恼、失落和迷惘，全部烟消云散，走出困境，轻松美好满人间。

然而，放下，并不是简单地把肩上的东西放在地上，而是要做到真正从心灵上卸除。只要卸下心灵的沉重，即使肩负千斤也会感到快乐无比。相反，

如果忍受心灵的重荷，即使一片鸿毛也会将你重重压倒。

一个富翁，随身携带着他的金银财宝，四处寻找快乐。可是走过了千山万水的他，依然未能找到快乐，于是他垂头丧气地坐在山道旁。恰巧这时一个背着一大捆柴草的农夫从山上走下来，富翁就问他说："我是个人人称羡的富翁。可是，为什么不快乐呢？"

农夫把背上沉甸甸的柴草卸下，畅快地揩着汗水说道："快乐其实很简单，放下了也就快乐了！"看着农夫那发自内心的笑容，富翁羡慕不已，同时他茅塞顿开：因为自己每天都背负着沉重的珠宝，东躲西藏，怕被别人要，怕被别人抢，更怕遭到别人的暗算，所以整日忧心忡忡，何来快乐？于是他便把所有的金银财宝拿来接济人、做善事，心灵因此受到了爱的雨露的滋润，他也从中体味到了快乐的甘甜。

现实生活中的我们，很多人都像故事中的富翁一样，一边力求轻松惬意的生活，一边又对身外之物穷追不舍。结果当然没有找到快乐，反而被身外之物压得气喘吁吁。许多人都以为，越富有，越有地位，就会越受崇爱，快乐自然也就会越多。但事实上，却是完全相反，越是追求这些名利地位，就会离快乐愈来愈远。只有当你真的放下对这些外在之物的追求，才能感到最真实也最畅快的轻松。所以，为了轻松，必须放下。

放下，是一种生活的智慧，也是一门心灵的学问。放下压力，就会更加轻松；放下烦恼，就会更加幸福；放下抱怨，就会更加舒坦；放下犹豫，就会更加潇洒；放下狭隘，就会更加自在……

人生在世，有些事情不必理会，有些东西必须清空。学会放下，才能使心灵真正减负，才能腾出手来，拥抱真正属于你的快乐和幸福！

放下，是一种人生的感悟，更是一种让心灵减负、自由的过程。"放下就是快乐"，这是如释重负后的轻松惬意，是云开雾散后的灿烂晴朗。让我们拨开眼前的乌云，卸下心灵的枷锁，在平凡的生活中，感受春风拂面的惬意，体会酣畅淋漓的感动，品味茅塞顿开的豁然。

只要你清除一些尘世的烦扰，将心灵安家于广阔的天空，就会发现春莺在快乐地啼鸣，泉溪在快乐地歌唱，白云在快乐地飘荡，鲜花在快乐地绽放!

学会放下，减负心灵，才能拥有更快意的人生!

方法12

不要在想象中夸大事情的严重性

第二次世界大战期间，美军的军营里曾发生过这样一件事：

一个美国的年轻人被征召入伍，成为新兵训练中心的一名小兵，但就在新兵训练快要结束的前几天，他因为害怕丧命于战场而终日惶恐不安。班长察觉到了他的异常，就找他聊天。

班长向他说道："训练结束后，被分到国内部队与国外部队的机会都是均等的。如果你被分到国内部队，那就没什么好害怕的了。"小兵点头说道："这倒也是啊!"班长接着说："但如果你被分到了国外部队，是进入后勤单位还是野战单位机会又各占一半。如果被分到了后勤单位，你也无须害怕。"

小兵闻言连连点头。

班长又说道："即使被分到了野战单位，又分后方与前线。如果是后方，你的担心仍然是多余的。"小兵又点了点头。

"假使真的被分到了前线，也有平安、轻伤、重伤三种可能。平安的话，你当然不必担心；受了轻伤，你也不必害怕；万一不幸受了重伤，你也会被当即送回国治疗，你还有什么可担心的呢？"

小兵深思了一会儿，仍忧心忡忡地说道："那……万一我重伤不治或者战死沙场怎么办？"

班长笑了笑："死了更轻松，因为你永远都不用再担心、害怕了。"

小兵听后高兴地说，"对啊，人都死了，还怕什么呢？"原来是自己把事情想得过于严重了。

人心非常微妙，既可以容纳大事，也可以无限放大小事。更奇怪的是，人们还总会因为一些鸡毛蒜皮的小事而发狂，觉得这个事情如果不能得到解决就无法继续生活下去，总是把很多事想得过于严重。其实在潜意识里，人们认为一丁点的小事都会影响到我们的学习、生活、工作、事业、健康，甚至还会危及我们的生命安全，但我们却偏偏把事情的原貌给忘记了。其实仔细回想一下，这些事情真的有想象中那么严重吗？

如果灯泡坏了，你就生气地破口大骂现在的东西质量太差。你的心情仅仅因为一个灯泡就被打乱，看不进书，写不进字，甚至连路都看不清，简直什么都不能做。如果漏接一个电话，然后按照来电显示回拨过去却没有人听，你就会开始不安，胡乱猜测着，是张三还是李四，还是谁谁谁？他们有什么事找我？于是你一通接着一通地打，就这样转眼间两个小时过去了，你仍不知道那个号码的主人是谁，你开始如坐针毡，没有心思做任何事。但这通电话真的那么重要吗？所有人都留在公司加班，已完成工作的你怕被领导误认为不努力，不敢按时下班，结果把自己搞得身心俱疲，却仍不敢早走一步，因为你总是在担心害怕，怕领导万一对自己有意见该怎么办？

其实现在回想起来，灯泡坏了，我们暂时不看书、不写字也不会怎样。错过的电话，可能是打错了，也可能是推销的，如果真有要事，多半还会再打来，即便这次错过了，你现在的生活也不会怎样。不加班，可能会让你的老板认为你是因为工作效率高，但就算他真的认为只有加班的才是好员工，对你另眼相看，你也不会怎样。你可以选择不在意他的态度或者另谋高就，那你还有什么好怕的？这么一想，你会发现其实很多事情并没有想象中那么严重。只要处理问题时冷静、理智，看待事情时轻松、大度，你就会发现曾经的害怕是多么地微不足道与可笑。

当你再次遇到麻烦时，试着做一下"不会怎样"的练习吧。

试着改变自己的思维模式：把"如果……那就糟了"改成"如果……又不会怎样"。比如，把"如果我向他表白，但他拒绝我的话那就糟了"变成"如果我向他表白，即使他拒绝我又不会怎样，最多就是知道自己多了一个倾慕者罢了"。把"如果下个月房租涨价的话那就糟了"改成"如果房租涨价又不会怎样，在合理的范围内接受就好，太贵的话，就另寻他处"。通过这种方式，我们便可以使身心真正放松下来，让原本简单又无关紧要的事不会被想得过于复杂和严重。避免把我们的时间和精力浪费在不重要的事情上，而是集中精力对待"真正值得"的事物。

第五章

社交转化减压法
——将压力转换成动力

社交恐惧症或社交强迫症,在职场生活中愈来愈普遍。尤其是职场新人,他们常常害怕人群,不愿敞开心扉与同事交流;或是杞人忧天,总是担心自己这个做得不好那个做得不对,使自己每天都陷在压力的泥沼之中无法自拔。只有懂得化压力为动力,才会轻松每一天!

方法 ①

勇敢迈出海阔天空的第一步

多数人都或多或少有过紧张的感觉，尤其是当着陌生的面孔，比如发言的时候大脑一片空白、呼吸急促、手脚冰凉，等等；或者是在与别人交流的时候很害怕，担心被对方反驳或者评论，其实这些都是社交障碍症的体现。不必困惑，也不必担忧，这是再正常不过的情况，我们每个人都有过紧张的时刻。想想荧屏上曾经出过丑的人，可是，那又怎样呢？他们最终克服了那些困境，努力让自己打败那种与生俱来的羞怯。于是就有了后来我们所看到的那些在众人面前侃侃而谈的形象。

刘佳就是典型的"社交恐惧症"患者，她是名软件设计师，今年29岁。每一次参加聚会，听着身边人谈笑风生，她就觉得自己融不进环境，于是躲到洗手间看漫画，但是听着外面的嘈杂，内心又十分挣扎。

其实她出现这种情况是有原因的。曾经有一次与朋友在酒吧聚会，当时朋友为她点了一杯清新鸡尾酒"莫吉托"，从不沾酒的她一口下肚就已微醺。她转身对众人说，她很喜欢喝这种"莫扎特"，话音刚落，就引起了周边人的笑声。虽然大家并非是嘲笑她的"不懂"。但对于自尊心超强的刘佳来说是一个不小的打击，瞬间羞得想找个地缝钻进去，自此事后她便产生了这种社交恐惧症。

社会压力巨大,但承载了太多苦郁的人们,自尊心反而会更烈。正如文中刘佳那样,其实不过是一个玩笑般的小失误,却诱发了她了社交恐惧。

有研究称,人容易陷于自我评价的矛盾之中,既希望自己是本"百科全书",上知天文下晓地理,又承担不了自己做错事或者说错话而带来的负担,所以一旦遇到批评,马上就会自我沦陷。

而事实上,通俗一点来说,有这种社交恐惧症的人多半过于虚荣,把别人对自己的评价看得很重,所以很在意他人的眼光。这样极其容易让自己沉浸在自信与自卑交织的矛盾之中,从而造成缺陷心理。调节心理状态势在必行,具体可以这样做:

第一,三人行,必有我师,身边的社交高手可以成为你的老师,先向人家学习一下转移话题的技巧吧,试着将任何话题转移到自己熟知的领域当中去。

第二,熟悉的场景,熟悉的活动,可以让人有充分的自信,那么对于一个重新回到社交场合的人来说,熟悉环境是最必要的,那么就尽量在自己熟悉的场合里聚会。

第三,如果觉得自己有紧张的情绪,那么就尝试用手指按压一下穴位以释放压力吧,再伴随瑜伽课上的腹式呼吸法,很快你就会踏实下来。

美国著名成功学家卡耐基曾说过,这世上不论是谁都会有紧张、焦灼的情绪,其中也包括他自己。但是每个人的这种情绪所表现的程度并不一样,持续的时间长短也不一样。人们应该为预防社交恐惧症而做出努力。众所周知,大型派对一般都很有排场,我们第一次参加的时候必然会有所胆怯,甚至手足无措,平静下来吧,遵循一些守则,你就会远离心理恐惧:

第一,不要给自己任何加码,放下心理包袱,仅做自己,不必取悦任何人。

第二，在社交场合要保持镇定，让自己放松。

第三，派对就是派对，与工作无关，不讨论工作，仅应景而为。

第四，适宜穿着，得体大方，不搞特殊。

其实摆脱社交恐惧真的不难，方法也很多，但第一步必须是让自己勇敢地走出去与别人交流。保持好心态，平和、平等、微笑地与他人聊天。

对自己好一些，不难为自己。有的时候我们会有这样一种感觉：想要多认识一些人，但却不知道该怎么做，于是像个没头苍蝇一样去寻找各种接触他人的机会，甚至是强迫自己去打听别人的联系方式，等等。

这种行为，其实都可以定义为"社交强迫症"。有很多人觉得社交生活是一种目的性很明确的活动，或者一旦发现对方于自己无意义，立刻到此为止，不再浪费时间深交。

在日常的工作中，很多人都容易产生这种社交强迫症，尤其是那种对自己未来发展目标很明确以及抱着美好期待的人更容易产生这种心理。看一看我们总结的案例就明白了：

李可是外企的人力资源总监，事事追求完美，甚至接近苛刻，包括对自己。有一次她给别人发了一封信件，回来后发现原文件中有个错字，于是感觉非常不自在，自己纠结了将近一个月的时间。

张鸣今年28岁，在一家外资财务公司供职，做国内项目的执行工作。由于他总怕自己出错，凡事要求尽善尽美，所以苛求每一个细节，甚至是给主管发一封邮件，都要检查了再检查，生怕有半点语句不顺或者错别字，等等。在和主管沟通的时候他也是忐忑不安，心理压力非常之大。

这种情况在25至30周岁的年轻人之中表现极为明显。刘娜在一家合资企业做总经理助理，也是一样，由于担心出错，于是对待每一件事都谨小慎微，起草完合同都要看个数十遍，连标点符号都要推敲半天，甚至是晚上回到家还是不放心，又深夜跑回公司检查文案。

这就是职场中的社交强迫症，目前这种状况非常普遍，很多人都有。其实是因为日益沉重的工作压力使得白领们为求圆满完成工作，从而长期都处于神经紧张的状态，最终造成了这种所谓的"病症"。包括越来越发达的商业经济带来的压迫效应，迫使人们不得不去寻找更多的人际资源，久而久之，这便形成了强迫症症状。其实这样的状态是可以通过一系列的行为去调整的，我们可以尝试以下几种方式：

第一，带着真情实意参加社交活动

在人与人的交往之中，如果一直戴着伪善的面具，不但没有意思，也会让自己因为随时防备或者处于作秀状态而感觉十分辛苦，从而增大压力。其实在人际交往中，我们只要保持诚恳之心就够了。

第二，放松心情地进行工作

在工作中，我们应该给自己制定合理的目标和计划，并按部就班地去完成，时刻保持平静的工作心态，不要神经过敏地在鸡蛋里挑骨头，只要尽心尽力，按时完成就足够了，否则会引起不必要的麻烦。

第三，世界不完美，也不必过于追求完美

十全十美的人和十全十美的生活是不存在的，所以在职场中不论对人对事，我们都不必太过于苛求。因为吹毛求疵只会给自己和他人造成压力，所以我们只要不断地向好的方向完善自己，就已经足够了。

总而言之，社交强迫症其实很容易克服，基本点就在于对自己也对别人宽容，做到这一点，走出社交强迫症就不是难事了。

方法 2
不要庸人自扰，不要存在敌对心理

我们常常听到这样的言论："同事就是同事，大家不是朋友"、"同事之间就是利益的争抢，谁也不应该付出真心"、"同事之间都是笑里藏刀，一个不留神就会被人算计"，等等。

有这样想法的人，我们可以用一个词来做准确的定义，就是"社交敌对心理"。有这种症状的人通常对人戒心很重，不信任任何人，平时你可以看到他满脸笑容，但是一旦发生他自认为的别人对自己具有威胁性的行为时，他立刻就会变成一只刺猬，很难与人相处。

张强就是这样一个敌对心理十分强的人。在工作中他非常激进，一心只想脱颖而出，根本不在意所谓团队啊、集体啊，满心扑在工作上，与同事基本无交往。

有一次公司发放福利用品，恰巧此时只有他一人在办公室，于是他只领了自己的，也没有通知其他同事。事后同事们都对他颇有微词，觉得这个人太独太自私。

而在日常工作中，他也总是积极抢功，在向领导汇报工作的时候也通常会夸大自己的作用而贬低其他人。久而久之，领导和同事都对他存有意见，而他也只是觉得大家是在排挤自己。

其实像张强这样敌对心理这么强的人并不多，更确切地说是一般人会将自己的敌对心理隐蔽起来。想知道自己的敌对心理到底严不严重，其实只要感觉一下领导和同事对自己的看法就知道了。

不论是在办公室，还是在日常生活中，敌对心理通常以树立假想敌的方式存在。比如，当一个人对另一个人产生敌对情绪时，就会无限扩大对方的缺点，并觉得自己"很无辜"。但是对方也同样会感受到这样的情绪，于是便针锋相对，慢慢地双方的情绪压力都会滋长。

有数据证明，约73%的人表示自己喜欢的人通常是那种在说话时看着自己且微笑的人。而那种冷冷的，没有表情，并且毫不留情指责自己错误的人，往往会成为自己的假想敌。

其实敌对心理是一种对自己、对他人都不好的情绪，不仅影响自己的人际交往，严重的还会降低工作效率，破坏工作质量。但是，克服敌对心理其实并不难，我们可以通过下面的办法来改善自己：

第一，相信自己不是一个人，集体的力量十分巨大

心中要有"集体"的概念，把自己当作企业中的一员，不仅可以增强自己主人翁的意识，也可化解与他人的矛盾，还会有主动帮助他人的意识，这样就可以避免敌对心理的出现。

第二，不拉帮结派，不站队

办公室里"小团体"十分常见，既影响同事间的团结，又影响工作效率，同时由于参与"内战"还会影响自己的心情，造成压力。那么不拉帮结派、不站队，在办公室里对所有的同事都保持中立，就可以避免敌对心理的形成。

第三，宽以待人，多多交流

在职场中，我们应该主动与人拉近距离，让对方感觉到亲切，这样才有助于工作中的协同互助。不积压矛盾，多多与人交流，对他人也对自己宽容

些，那么敌对心理是基本上不会出现的。

想必你也经常听到这样一句话：我们的敌人只有自己，其实没有人和我们过不去。所以，当感觉产生敌对心理的时候，试着找找自己的原因吧。

方法3 在工作中要放低自己的姿态

工作中我们常常会有这样的感受：怕别人做不好事，怕身边的人出错，不敢放手让别人去做，自己总要去干涉一下、指点一下，当一当师傅，等等。其实这是典型的社交干涉心理，很容易造成自己在职场中与别人的沟通障碍，使得同事间的关系不够和谐。

李静是个对工作尽职尽责的人，一直在一家创意文化公司担任设计经理，自己的创意精神很好。但由于她过于敬业，总是怕手下出错，于是就用许多条条框框约束下属。这虽然保证了她的团体在工作中不会出大问题，但是一定意义上，也束缚了下属的创意思维。缺乏创意对于文化产业来说就像是鱼儿见不到水，所以李静的下属对她也是有颇多不满。慢慢地矛盾激化，公司老板大怒，随即撤掉了她的职位。

其实每个人都是一个主体，我们对待工作很认真的时候，往往也会担心新介入进来的人没有经验，会做错事，所以不由自主地把自己放在老师的角色，对别人进行教条主义干涉。既影响了别人的发挥，也破坏了合作情谊，造成人际关系上的不和谐。

　　这种状态其实并不难解决，只要我们换位思考一下，知道自己对一件事的处理方式也会和自己的同事甚至领导有不同，也就不会拼命地去要求别人按照自己的想法去做事了。不论方法如何，最终以结果为导向，其实就足够了。

　　有心理专家分析，这种具有干涉心理的人，其实是一种自信心不足的表现。他担心别人不听从自己，所以便会以自己所谓的"经验"去要求别人，唯有对方听从了自己的命令，才会有一种"自己被认同"的感觉。

　　不用多说我们也知道，这是一种极其不健康的心理，不仅会阻碍自己的发展，也会令周遭的人厌恶和反感自己，平添更多的烦恼和痛苦。所以我们一定要从自身出发，摒除并克服这种心理，不排斥别人，并信任对方，具体我们可以这样去做：

　　第一，工作环境是一个家，同事们是家人。集体归属感的重要性不需多言，只有每个人把集体的事当成是家事来对待，才会团结一致，共同分担。

　　第二，平和心态，顺其自然发展。尊重他人的想法，克制自己想要马上插手的冲动，保持平和，共同探讨，点到为止。事情总会按照它应该去的方向前进。

　　第三，心态决定一切，改变心态，端正态度。干涉心理的产生，往往源于一个人的不自信，所以要用控制别人的方式以示自己的存在。其实只有改变心态，让自己真正开朗起来，才能治愈根本。

　　总而言之，我们不应该用自己的方式、思维去苛求别人。在一个大的工作环境中本来就是应该求同存异，不要随便理所当然地去做别人的老师。可以建议，但不强求采纳，这样才能使大家和谐共进，减少不必要的烦恼。

方法 4

人在社会，试着远离冷漠

自然界中会有这样一种现象：幼猴是无论如何都不会离开母猴的，即便是在母猴身上放些铁钉，人为用力强迫分开。然而除非一种方式，即当母猴身上沾满了冰水，这时候幼猴会失落般地躲在角落里，因为幼猴感受到母亲全身的冰冷，这在幼猴眼里就是一种冷漠，一种让它很伤心的冷漠。

而现实中有很多冷漠的人就像这只沾满了冰水的母猴，冷漠得让别人无法靠近，不论是主动还是被动，终归会因为这种"个性"而失去很多朋友。

如果一个人有过于清高的表现，甚至以"看破红尘"来标榜自己，对他人和旁事都不太关心，情绪也总是低落不振，内向自敛，那基本可以判定这个人有社交冷漠症。具体我们可以对号入座，看看自己最近是不是有过如下表现：

第一，别人在旁边聊得海阔天空，自己却没有兴致加入，只想默默在一旁静坐。

第二，公司进行团建活动时，总是没有心气参加。

第三，眼见到同事们遇到困难，却装作没有看到。

第四，不愿意参加聚会，经常拒绝别人的邀请。

第五，不主动与领导及同事进行交流。

第六，即便参加集体活动，也不会留到最后，会中途偷偷离开。

如果这些表现真的存在，那可以确认为冷漠心理。然而这种表现却是职场中的大忌，于人于己都有不利影响。

想要对症下药，就要找到症结。有的冷漠心理或许是基于生活中的突发变故，人们为了保护自己不受伤害而筑起了厚厚的保护壳，渐渐地就会延伸成一种冷漠状态。

再或者，是由于自身的性格过于内向和孤僻，不善于与人交往，久而久之成为习惯。还有就是因为巨大的工作压力，相对自我的人也会把自己排斥在集体之外。这些都是造成冷漠心理的原因。我们要主动去克服这种消极的心态，具体可以尝试如下办法：

第一，主动寻找原因。积极主动是一种态度，如果想要治愈这种冷漠心理，就要去寻找形成病症的原因，并主动地进行自我调整，方能渐渐走出不良状态。

第二，能够给自己一个准确的定位。如果有了冷漠心理，那绝对不仅仅表现在生活中的某一方面，在是工作、感情等方面也会如此。所以我们应该正确认识自己，坦率地与他人交往，才可以拉近与人的距离。

第三，让自己拥有更多的兴趣和爱好。广泛的兴趣爱好可以从客观上帮助具有冷漠心理的人找回乐观心态，远离孤独和悲伤，所以应该丰富自己的业余生活。

方法 5
不要过分炫耀自己，这会令人生厌

不论是在工作还是日常生活中，总能看到许多喜于炫耀的人，而这种炫耀往往会引起周边人的厌恶，令人不由自主地对其产生敌意，十分不利于人际交往。不难理解，炫耀心理对于人际交往极为不利，一定会引起别人的反感。炫耀心理严重的人，只会给别人留下肤浅、庸俗、没素质、没文化的印象。炫耀心理通常表现为：

第一，无限夸耀自己及自己配偶的作为与业绩，意在获取别人羡慕。

第二，不论是度假还是逛街，回来都要迫不及待地讲述经历及炫耀所买的物品。

第三，攀比心理严重，不论衣物，都要追求名牌，而且一定要比他人的贵重。

上述这些行为都是所谓的炫耀心理，不论是工作还是生活中，我们经常会遇到这样的人，比如，喜好在同事面前炫耀自己与上司之间较为密切的关系，以此来让别人觉得自己得到上司赏识，等等。其实这样的心理恰恰是一种对于自身能力有限而缺乏自信的表现，因为不知道如何在一个团队中博取队友的信任，因而采用这样的方式来突现自己。

张琪是一家私企里的小小业务主管，但是总喜欢说大话，在同事面前夸大其词，甚至是真假难辨。

他可以把自己的一件从小商品市场买来的衣服说成是托朋友从国外捎回来的。吹牛，已经成为了一种习惯。

当然，时间久了，同事们心里也都有数，多数时候笑笑就过去了，但也有人好心地提醒张琪说话要给自己留余地，但他从来都不屑去听。

终于有一天他遇到了大麻烦。在外吃饭的时候，他把手包放在了座椅上，信口开河道，彩票中了10万块，全放在包里。然而当吃完饭他独自一人往家走时却被劫匪拦了。他吓得把包扔给了劫匪落荒而逃，其实包里一分钱都没有。到家后他感觉很后怕，终于意识到炫耀有可能给自己带来灾难。

其实不难理解，张琪这种炫耀行为，就是很明显的不自信，所以想以这种方式来显示自己的存在和所谓的价值。所以说不论什么场合，一个人有了这种炫耀心理，都是很有害的。我们应该认真检视自己，如果有这种心理，就要努力去克服，绝不放纵自己。

这种喜于炫耀的人，其实并不一定有什么恶意，只是在一种让自己不自信的场合里，努力博得一些光环罢了。可这终归是暂时的，一个人能力的高低，通过实践就可以看出来。

有心理研究表明，一个人如果长期陷入炫耀的状态中，就会很容易造成自己的心理负担，并对脑神经产生不良刺激，最终会因为担心、紧张、害怕成为习惯而造成神经衰弱等精神性疾病的发生。所以摆脱炫耀心理势在必行，建议大家可以从以下几个方面来克服：

第一，告诉自己，凡事要谦虚。谦虚是对炫耀症最好的药，在一个人不由自主想要炫耀自己的时候，告诉自己：炫耀会让周围所有的人讨厌我，谦虚反而会讨人喜欢，渐渐地，自己就会摆脱想要炫耀的那种冲动。

第二，做一个说话有技巧的人。人若在高位，常常会刹那间认不清自己，

说话随口就来，很容易让别人产生一种自己在炫耀成功的感觉。所以当一个人升了职，需要面对下属的时候，切记要保持一种谦虚的态度，并掌握一种在这种态度之下的可以让别人接受的说话技巧。比如告诉下属，自己学历不高，资历尚浅，有很多失败经历，成功得来不易，等等，放低自己去靠近他人，这样才会得到下属的支持和协助。

总之，做人同样需要技巧，行之有道，才能稳固自己的位置。聪明的人绝不会炫耀自己所拥有的一切，恰恰他会最大限度地在他人面前降低自己的优势，这样会得到更多帮助，也会拥有更多。

方法 6

EQ 制胜，轻松与人交往

心理研究表明，现在越来越多的人存在"人际交往压力"。可怕的是，这种压力相比工作压力来说要严重得多，甚至这种"社交障碍"都已经影响到了一些人的正常工作和生活。人际交往能力是一种生存能力，也是提高生活质量的因素之一，只有在一个和谐交往的环境中，人们才能有良好的心态让生活过得更好。人际交往能力是一种情商（EQ）表现，所以，有效提高自身的情商，会让自己快速适应当前的人际环境，并可以减少人际交往造成的压力。虽然情商高低没有标准评判，但确实是有迹可循：

第一，去充分了解周围各种人物的特点

我们都知道，身处校园中的时候，周边的人际关系简单，我们也很直白，喜欢谁就和谁交往，不喜欢谁就远离。但如今进入了社会，即使是不喜欢的

人，我们也要试着和他们交往。如果做不到这点，那么人际交往的压力就会很自然地出现了。

第二，宽以待人，学会欣赏他人

包容，是人世间最大的美德。宽以待人的人，往往会更让他人欣赏，运气也会变得更好。所以，我们要学会真诚地去赞美别人，淡化你所看到的对方的缺点。这样对方从心里会愿意接纳和靠近一个宽容自己的人，那么彼此之间的距离也会越来越近，自然地，人际交往的压力就不存在了。

第三，为别人提供尽可能多的援助

喜欢帮助别人的人，往往会得到很多的赞美。因为帮助他人是最简单的与他人相处的方式。在人与人的交往之中，由于人性感恩的真善一面，自然就会对帮助自己的人心生感激，所以，你帮助过的人，一般情况下都会很真诚地对待你。

第四，与不同的人要有不同的相处方式

与人相处是有技巧的，大千世界什么个性的人都存在，要想与不同类型的人都能友好相处，那么就应该花些时间和精力去探究人性的差别。只有知己知彼，才能把人际交往压力降到最低，其实将人分类，无外乎这几类：

1.顽固派

这样的人，说好听些叫自信过度，说难听些就叫固执己见。面对这类人群，如果不在其地位之上，则很难说服对方。面对这样的人，我们可以采取迂回策略，如先不动声色按照他的要求做，当结果偏离预期后，我们可以让其认识到自己错误的做法，再提出正确的观点及做法，用事实来说服对方。

2.鲁莽族

这一类人群激情十足，反应敏捷，但考虑问题不够周到，容易被直觉所牵引，以致做出错误决定。如果我们遇到这样的上级，那么就要一开始满怀

激情地应和他，但是在冷静下来想出解决事情切实可行的办法之后，再好言对其相劝。一定记住不能马上泼冷水。

3. 内向型

不善言辞的人并不是没话可说，面对这样的人，我们就要主动去发掘有趣的话题，引导对方与之交流。若是合作关系，我们就更需要积极同对方沟通，才能在了解对方的情况下共同携手完成工作。

4. 傲慢类

多数人都很讨厌这种人盛气凌人的架势，明显地感觉到被这样的人瞧不起。能让该类人心服口服的办法，只有比他有本事，委曲求和毫无意义。虽无须硬碰硬，但一定要比他有真才实学。

5. 口舌群

这一类人最大的特点就是嘴巴大，爱宣扬别人的隐私。所以与之相处的办法也很简单，就是闭嘴，不让他有任何可以打探到自己隐私的机会，这样你就不会成为他八卦消息中的主人公。就算与其对话，也一定要小心，要保持绝对的警惕，保护自己。

6. 拖延症

如果工作中的搭档是这种懒惰散漫的人，那么与其相处之道就是要想办法激发出他的斗志，督促着他前进。

7. 自私派

职场中，这样的人最常见，但是又不得不面对，不得不与之相处。那么最好的办法就是，让对方稍微多占些便宜，虽然有失公平，但可以维稳关系。当然，如果可能，尽量不与其共事。

8. 怪咖类

这种人性格古怪，行为也经常与常人不同，或许我们在与之共事的过程中感觉到被伤害，但实际上这一类人的伤害性很低，本质很善良。试着多与之交往，会有新的收获。

9.小人型

这类人最为阴毒可怕，尤其会笑里藏刀。面对一上来就很热情、很温和的人，一定要小心，因为这种人很有可能会在背后捅人一刀，使人措手不及。如果没有能力与其抗衡，那么就对其敬而远之吧。

方法 ⑦

主动释放压力，还予自己轻松的生活

如今生活节奏越来越快，压力遍布身边，任何一个点都可以成为我们的压力源。比如生存的压力，比如工作中来自人际交往的压力，比如生活中与朋友、爱人之间的感情纠葛所带来的压力，等等。与其相对时，我们会心神不宁，身心也会感到很疲惫，如果我们向这些压力妥协，它们会慢慢侵蚀我们的生命。所以，积极主动去化解这些压力才是最应该去做的。有一句话说得好："挫折不会打败你，打败你的，只能是你自己！"这句话所表达的意思也是说，自己面对挫折和压力的态度，会给自己的生活带来不同的影响。

当工作不被认可，领导给予自己的压力往往让很多人感觉很压抑，化解压力的根本是需要让领导赞同自己的所为。其实这并不难，只要注意好分寸，多和领导进行工作上的沟通，让对方知道你每一步的计划，有了进展及时汇报，并服从于领导的决定，慢慢地便会得到上级的认可，压力也就随之释放了。

日常工作中，同事和我们相处的时间最长，也是最易带来情绪影响的群

体，包括合作、竞争等各种关系，会给自己带来或多或少的压力。那么如何排解呢？一、莫对同事期望太高。大家共事，并非"好朋友"，对方没有义务无条件对自己好。二、保持距离。大家的关系十分微妙，或许哪一天就会因为竞争而"不是你死就是我亡"，切莫让对方了解自己过多。三、泰然处之，包容个性。每个人性格不一样，做事方式也不一样，大家一起共事，就要求同存异，在大方向一致的情况下，能让则让。四、和平共处，切勿陷害他人。如果遇到能力强的同事，虚心向对方请教，千万不要嫉妒，更不要陷害他人，因为如被揭穿，后果将会不堪设想。

如果你是位领导，那么日常要处理的事务繁多，从下属处获得的压力必然少不了。俗话说，能力有多大，责任就有多大。所以对于领导来说，要承受的风险及压力会更大。如何消除下属带来的压力，这是一门重要的管理课程。首先，领导要树立好自己的形象，不卑不亢、不远不近，让下属既敬畏，又佩服。要时常关心下属，以表现自己的亲和力，切忌让人产生自己高高在上的感觉。当然，如果自己有错了，务必要主动承认，不能一味强硬。同时要不断提高自己处事做人的能力，身处上位，就必须让自己有服人的本事。

所谓"家是一个人最坚强的后盾"，家庭的重要性不言而喻。我们每个人不论在外打拼吃了多少苦，但只要想到温暖和谐的家庭，仿佛一切苦难都不在意了。但是有时候我们会忽略对家庭的维护，忘记了即使是亲人家属，也是需要呵护的。所以我们心里一定要有这种意识，那便是，家是一切事物的源泉，是我们奋斗的原动力。所以在日常生活中，照顾好家人，承担起家庭责任，能够让家庭更团结稳健，那么来自家庭的压力自然就会消散。

我们存在于社会中，都逃不开友情，你真心对待他人，对方也真心对你，那就是朋友。友谊是美好的，就像天空中的太阳，让人觉得愉快、不孤单。但是友情也会带给我们压力，或许某个不经意间，对方的一句话，就伤到了自己；同样，自己的一句玩笑，也会让对方感到难过。其实化解来自朋友的压力十分简单，对朋友要多宽容、多包容、少计较。即便产生了小摩擦，无伤大雅的事情就让它过去吧。相信同样真心对你的朋友，也会十分珍惜你们之间的友情，在自己闹情绪说了不得体的话，但却得到了朋友的宽容时，会仔细反思自己。慢慢地，友谊会更加坚固，而压力也就渐渐化解了。当然，善意的提醒一样必不可少，朋友之间就要相互体谅，交一个值得交的朋友，是一生最大的财富。

第六章

琐事转移减压法
——气定神闲真轻松

"两耳不闻窗外事,一心只读圣贤书。"以专注的态度对待学习或是工作固然很重要,但我们若每天只埋头于此,长此以往,便会给我们带来巨大的心理负担。每天抽出一点时间,做一些与工作无关的事情,写写日记、玩玩健身球、种种花草、逗逗小猫小狗等都是不错的选择。只要同样全身心投入进去,烦恼压力自然不翼而飞!

方法 1

琐事降压有高效

无疑，商界的泰斗往往比一般人压力更大，操心更多。有一位高管就是这样，长期的工作压力造成其神经紧张，不得已去看心理医生，但始终都无好转，甚至连睡觉都要靠吃安眠药。

后来心理医生建议他每天找一件与工作无关联的小事，全身心去做，其他的什么都不想。可是他表示，他平时工作真的很忙，甚至都想不起来除了工作以外还能有什么小事。其实这已经表明他的压力来源，他每天大小应酬，各种商战，根本没有自己的时间，压力能不大吗？后来心理医生送了他一盆花，让他摆在办公桌上每天浇水照顾，至少要用十分钟的时间来做这件事——擦洗叶面，并对着盆栽做10次深呼吸。一开始他不解，也不想做，但在医生的强烈坚持下他半信半疑地照做了一个月。之后他表示，效果很神奇，睡眠果然好多了，能明显感觉到自己的神经紧张消除得差不多了。

一只充满气体的气球是经不起外力轻轻一戳的，因为它已经没有了任何可以容纳弹性的空间，如果没有充满气，至少弹性还可以容忍外力挤压，并迅速恢复原状。人也是一样的，要始终给自己保留些弹性，不能长期紧张，不能允许各种负面的压力和情绪一直围绕着自己，一旦压力过大，就会像那只充满气的气球一样，一戳即破，表现出来的，便是自己生理上的疾病体现，如思维迟钝、肌肉发僵、失眠、健忘，等等。话说小事可解压，其中的道理其实是"主动干预"法，就是主动地去用一些简单的小事、琐事中断正在承受重压的机体。其实这不意味着让工作懈怠，而是减压，让自己重新蓄积快乐的能量，然后重新找回原有的工作状态，达到事半功倍的效果。

在国外就有过这样的例子，一位富甲天下的商人，他深谙"小事解压"的道理，所以每一次在发觉自己陷入不好的状态，感觉到压力很大的时候，就开始做十字绣，这是一件简单又枯燥的事情，然后他又发掘了其他更无聊的事情，削铅笔啊，折纸啊，甚至用手机拍照啊，等等。不论何时何地，他都会用这样的小花样去排解当前的压力和精神紧张。慢慢养成了习惯，每天都会这样做。久而久之他的心态变得十分平和，甚至天大的事，也可以用这种做小事的心态来面对。

方法❷

用专注的态度来面对每一件事

成功的人士，最基本的素质，就是只专注做一件事，不三心二意，不心猿意马，不被外界分散了精力。

当年，火箭队的法律顾问迈克尔·戈德堡曾经为姚明加盟 NBA 的事到京与中国篮协会谈。期间他看到姚明练球，当时姚明与别的队员最大的不同，也是最吸引迈克尔·戈德堡的地方，是他从来只关注球场，专心练球，没有斜眼看场外一眼。其他的队员会偶尔关注其他人，但姚明从来没有。

正是姚明这种专业的精神、专注的态度，得到了诸多专业人士的赞许，大家都觉得他够专注，也会让人非常放心。记得2007年3月10日，姚明在不到27周岁的年纪里，终于突破自己职业生涯的6000分大关。可赛后面对人们对自己的敬佩，姚明却不以为然，因为他的注意力始终都在球场，从来没有关注过外界。由此可见姚明对于做一件事的态度有多么专注。

是的，我们纵观历史，所有成就事业的人物，都会对自己所做的事情抱持十分专注的态度。其实专注所表现的无非是一个人在一件事情上所要得到结果的欲望，欲望越强烈，越会驱使着他们为求成功将努力付诸其中。这恰恰也体现出自制的特征。

"专心"的构成因素可以归结为自信心和欲望两个点，成功人士往往具有充分的自信心以及对于一件事强烈渴求的欲望。而大多数人，通常都没有太大的欲望，也缺乏充分自信，所以成功的人只占少数。其实只要我们的需求合理，并勇于去争取，那么就可以构成"专心"，从而也就有了成功的基础。

我们可以假设自己成为一个成功的商人，或者有口碑的教育家，再或者是一个令人敬佩的行业领导，那么我们每天最起码应该花上十几分钟来思考，用冥想的方式把自己的思想集中在这个愿望之上，再想想要怎么继续下去，这才有可能把这成功付诸现实。

如果我们想专注于一件事，专注于我们的理想，那么眼光一定要长远，3年，5年，甚至是更久远。更多时候，我们可以想象成功的模样，那便是一种激励。当我们专注于这样的想象，就会更为渴盼达到成功，那么也会鼓励自己继续努力上进，最终向成功的方向前进。就像是姚明，他的一句"我早就学会了专心打球"，这便是他成功的秘诀。

当我们已经立志去做一件事的时候，就专心去想有关于这件事的方方面面，杜绝思维转移到其他事情上的可能性，只要打心眼里认定这一次只做这一件事，就会全身心投入进去，也不会感觉太累，自然压力也不会太大。有一个很有趣的比喻，叫作"抽屉效应"，我们守着很多个抽屉，想象每一个抽屉都是一件工作，只要打开这一个，那么就要求自己在关上这个抽屉之前忘掉其他未打开的抽屉，并坚持把这一个抽屉的工作完成，也就是说，只要我们只专心做一件事，那么成功的几率就会很大。

方法 3

勤动笔，释压力

如今通讯如此之发达，微博控，写心情。有的人喜欢把自己的心情用文字记述的方式去与他人分享，不一定是开心的事，悲伤的心情也一样，其实不知不觉间，心中的压力就随着文字消散掉了。

有研究表明，人在面临考试的时候会感觉紧张，压力重大，但是如果在考前用一点时间去书写与考试有关的情绪或者想法，哪怕是抱怨，都会缓解考前压力，从而助考生发挥出正常水平。

同时也发现，当时的压力当时释放，比起今天去描述昨天的情绪更有效果。所以，就是在当下，将与当前事情相关的感情、情绪等，用笔写出来，比起去预期未来的效果要好得多。当然，具体问题要具体分析，不同的人也要根据不同的特性来选择对自己来说更有效果的方式。比如，有一些表达能力较强的情绪积极人士，在不开心的时候书写消极题材更好；而对于本身就不善于表达自己的内敛人士来说，去抒发自己对未来的良好预期则更有效果。

为什么动动笔就会对纾解压力有这么大的作用呢？有研究表明，写字是一种自我输出的方式，由外界所引发的内在情绪造成的压力，以这种自我输出的方式得到了释缓。另外，人们所书写的情绪都是已经对自己造成压力的不好的情绪，那么在这种"回顾"的过程中也产生了适应性，即增强了自身对负面情绪的抗压性。再者，人们在书写回顾的过程中也会对未来产生新的构思，即"以后要做得更好"、"吸取教训"等，这样会使得人变得更为积极。

李潇潇是一名投行业务人员，由于工作需要，她常常需要坐飞机，但最近她竟然对坐飞机产生了严重的恐惧。后来通过专业人士的建议，她开始尝试用书写的办法来减缓压力，比如在乘机前写出自己当时的感受，以及就在那个当口她所认为的惧怕乘机的原因。随后进行3分钟的深呼吸放松，并在每次飞机落地后写下本次乘机的感觉。随着她记录的越来越多，慢慢从文字中能够发现，她对于乘坐飞机的心情日趋平稳，甚至还能够有一些对治疗自己乘机恐惧症办法的心得和办法，非常积极。

其实对于这类长期被工作压抑的人群，我们可以用一些办公室小诀窍来帮助他们缓解这种工作压力。比如饭后小睡，或者闲时站起来扭动一下腰身等，既可以补充大脑，也可以舒缓筋骨，缓解压力，让而后的工作效率更高。此外，有研究显示，办公室人群经常收拾下自己的桌面，可以帮助人们获得一种自我暗示，即"我可以将凌乱无序的东西收拾得十分有条理"。这样都可以帮助人们形成健康的生活方式。

方法 4

勤动手，缓大脑，释压力

我们经常看到有一些人，手里总是握着一些东西，比如小核桃、小葫芦、小球等，其实，这些都是一种帮助宣泄情绪的方法。压力大，就要释放出来，捏一捏这些，都有效果。手握核桃也好，哪怕是一个乒乓球也罢，都可以帮助人们增强肢腕关节的灵活性，从而延益大脑，缓解压力。

中医研究认为，手掌中的运动，可以通过对分布于手掌上的各个穴位进行作用，从而对那些穴位所对应的身体部位予以裨益。神奇的是，手掌涵盖脾、大肠、小肠、心、三焦、胃、肝、肾、命门9个穴位，所以如果拿一个小型健身球在手掌中不断转动，便可以对这些穴位进行刺激，从而使得脉络通畅、强心健体、舒筋展骨。手持型健身球既方便又简单，还有明显的健身功能，所以长期以来受到人们的欢迎。

既然说到这种手持健身球，那么可以给需要的人们进行推荐，把玩很简单，用五指按照一定方向拨动球旋转，使得球以圆形轨迹运动在手掌内，基本上一周内就可以把玩娴熟。

在最开始时我们可以选择小号的健身球，等到可以自由掌控而不再落地时，可以逐步换成适合自己手掌大小的型号。当然，把玩健身球必须要左右手并用方有保健作用，这样可以使得左右大脑半球分别得到血液循环。如果能把玩到两枚球在手中旋转自如，虽相互摩擦但互不碰蹭对方，那便算得娴熟了。

经常把玩健身球的人，不光使手指、手掌及手腕得到灵活伸展，也可以延伸到上肢锻炼，可以帮助防治上肢麻木及握力减弱等疾病。多做手部活动也可以帮助保健大脑，使得大脑老化速度减慢，通过脑部血液循环得到锻炼，防治老年痴呆症的发生。

当然，如果没有专业的健身球进行活动，也可以用两枚乒乓球，或者大小形状相似的鹅卵石替代，按照上述方式进行活动，都会起到良好的保健效果。

方法 5

花花草草更助心情愉悦

种些花花草草吧，除美化环境之外更能陶冶情操。当我们看到这些漂亮的植物时，总是会觉得很愉快，而且疲劳一扫而光，就连意志也会愈来愈坚强。

我们周边不乏养花种草之人，有些花草甚至很难存活，但依然有人不惜苦地去伺弄。因为养花草是一种陶冶性情的行为，是生活乐趣的来源，所以很多人会乐在其中。

花草之所以益于人之健康，还有一个因素是其香气有自然界中特别赋予的令人安神的作用，就像是当我们闻到水仙的气息，就会感觉原本狂躁的情绪平静下来，闻到玫瑰的香气就会感到很开心。

当然，养植花草还可以净化周边空气，而一些绿色植物，还可以吸收空气中的二氧化碳，随后释放出氧气，于人于环境都是有百益而无害的。

种花草有百益，但同样有学问存在里面，如何养植，可以参照如下建议：

第一，在室内种养可以吸毒的花草，比如石榴、美人蕉、石竹、吊兰、芦荟等等，可以净化室内的空气，有益于人体健康。

第二，一些花草，如茉莉、丁香、金银花等都具有分泌杀菌素的功能，使空气中的一些细菌无可遁形，可以帮助清洁室内空气。

第三，所谓"互补"，那便是在种养花草时，将有互补功能的花草种植在一起，用以平衡氧气和二氧化碳的浓度，使空气清新。

另有一些植物是不适宜在室内种养的，对此也应该有所了解：

第一，能引起人神经兴奋的浓香型花草会引发失眠，如兰花、玫瑰、百合、郁金香、夜来香等等，都不适宜养在卧室中。

第二，有些花草，诸如夹竹桃是含有毒性的，包括水仙的花、根也有毒素，误食都会引发中毒；而含羞草会引起人毛发脱落，所以这类花草在养植时需要注意。

第三，屋内不要摆放过多花草，适量则宜，否则会降低夜间室内氧气浓度，影响睡眠，甚至出现气短、噩梦等现象。

由于生活节奏越来越快，令我们身心疲惫的事情也越来越多，种植花草可以有效帮我们在工作之余的生活找到缓解速率的乐趣，也有益于身心健康。种植一些花草吧，看着它们成长，你也会觉得很欣慰。

不要让过多的压力影响到本该无忧的生活，种植花草可以陶冶性情，不知不觉地调补着身心，让自己健康起来。

方法 6

饲养宠物，好处多多

没错，养个宠物需要花费时间、金钱、精力。可能我们会认为平日工作繁忙，没有时间也没有精力去照顾这些小生命。其实不然，有科学研究表明，饲养宠物的人相对更健康，很少生病，也很少悲观，心态也非常好。

饲养宠物有益于身心健康，还可以帮助病人辅助治疗。养宠物的人一般很善良，与宠物为伴，也不觉寂寞，而感情上也有所依托，精神压力自然减弱。如果你有悲观情绪或者自觉生活压力很大，不妨养只小猫、小狗在家，情况会有大幅改善。

宠物不会和你争吵，不会让你不开心，反而会在你状态不好的时候在一旁陪着你，精神压力巨大的时候最忌孤独，而宠物的陪伴则可减轻孤独感。

我们最常见的伴侣宠物是小猫、小狗，也经常看到人们在逗自家猫狗时欢快的表情。况且小猫、小狗也都是有感情的，时间长了会和主人形成默契，能够感受到主人的情绪，人开心时，它也一旁开心；人难过时，它会在一旁静静陪伴，久而久之，也会令主人心态更为平和。

朋友家的狗狗，今年已经 8 岁了，在狗界已经算是高寿了。朋友有一本相册，记录了这只狗狗成长的点点滴滴，从一出生的小奶狗，到如今老态龙钟的模样，每一个镜头都没有放过。对于朋友来说，这只狗狗的意义等同于家人，可想而知，在面对巨大的生活压力时，一只小宠物能给人们带来的精神作用是多么巨大。

有研究称，和宠物生活在一起可以帮助降低血压，也可减轻神经衰弱的状态。由于宠物在身边陪伴可以给人良好的感觉，不单单是打消孤单，也会激发人们对小动物的感情，以及对陪伴的向往和渴望，使人变得更加温和。所以，不妨养个宠物在家，你一定会发现即使在巨大压力面前，你也会一天天开心起来。

关于宠物，总结出这样几点：

第一，猫咪善于助人解压

猫咪与生俱来对事物好奇的本性使其从小到大都保持着"童心"，它们顽皮起来像小孩，所以看到家中猫咪嬉戏，绝对会感觉很放松。猫咪是缓解压力的妙药，养只猫咪吧，不用特别在意它们偶尔的孤傲个性，它们只会给你带来快乐。

第二，狗狗让人更加放松

狗狗通人性，喜欢运动，不仅能够帮助人舒缓情绪，忠诚陪伴，还可以帮助增加养狗人的运动量。遛狗其实也是一种锻炼，对身心皆有益。况且主人是狗狗生命的全部，它愿意取悦主人，所以养狗人通常都会有一种满足感。想要精神上一直愉悦和平静，养只小狗在家吧。

当然，可饲养的宠物多种多样，我们可以根据自己的爱好来选择：鹦鹉、兔子、乌龟甚至是各种爬行动物，它们会让人拥有好情绪，让人们更接近天真的状态，自然就会摒除很多的烦恼。

多多选择和小动物在一起吧，你会远离孤独，更会被它们的憨态逗得忍俊不禁，绝对是有百益的，不信就试试看吧。

第七章
宣泄释放减压法
——宣泄心中的不快

我们在影视剧中常常会看到,当主人公遇到烦心事或者心情不爽时,他就会对着大海,或是在空无一人的马路上大喊,以此来宣泄心中的不快。但是这样做真的有效吗?答案是肯定的。因为坏情绪如果不能及时地释放出来,会对我们的身心健康造成严重的影响,而大喊则是一种有效的发泄方式。当然,你还可以利用许多其他的方法宣泄心中的不快,释放积压的情绪!

方法 1
及时宣泄心中的不快，切莫堵塞心灵

每天奋斗在办公室中的上班族经常会觉得自己精神压力巨大，甚至持续很久都做同一个可怕的梦，比如在梦中咬碎自己的牙齿等等。心理咨询处也经常会接待这一类的患者，并帮他们做心理疏导。

其实，这是一种紧张的表现。因为梦境是人潜意识的表现，如果白天压力很大，得不到及时疏导，那么这种压力就会堆积，久而久之就会在梦中爆发，以便让当事人意识到白天生活中的压力，其实已经影响到身体健康，于是人们就会连续几日反复做同一个倍感压力的噩梦，直到引起人的重视。

其实类似于自己咬碎自己牙齿这样的梦，属于周期性压力，咬碎的牙齿，代表潜意识中的精神压力，咬碎它们，则表示打心眼里希望能够破碎这种压力。由于我们生活在这个社会里，生活中的压力我们不能随时释放，所以面对很多委屈不得不隐忍求全，克制情绪，久而久之会形成精神压力，严重时更会影响到健康。

还是那个原因，现代生活节奏很快，人们的压力也越来越大，肩负着各种来自生活、工作、感情上的负担。具体可以归为以下几类表现：

第一，工作压力

当我们每天工作超过了 8 小时，一周超过了 40 小时，工作就成了一种负担，很多人都感觉到很累很累，休息不足，甚至觉得自己每天活得就像个会工作的木头人、机器人，那么工作所带给人们的压力是不能小觑的。

第二，竞争压力

国内人口众多，公司也如雨后春笋般成立，每一个老板都希望用最少的钱雇用能干、多做活的员工，那么竞争的激烈可想而知，压力，滋生在竞争间。

第三，前进压力

大家都希望自己的工作更上一层楼，然而到了一定位置就会遭遇瓶颈，寻求新发展成为了必然趋势，那么相应的压力就会来临。

第四，感情压力

大龄剩男剩女在这个时代已经不是新鲜词了，面临家庭逼婚、分手、重新选择伴侣等各种关乎情感的问题，都市人的情感压力不得不受到重视。严重的可能会影响工作。

第五，交往压力

社会人难以独善其身，与人相处是必行之道，但越来越多的人发现自己难以向他人打开心扉，由此而生的人际交往压力也越来越大。

其实很多时候我们都倡导吞咽情绪，不表现在外，认为这是一种美德，然而殊不知这些憋在心中的情绪并不会消散，而是会以其他的方式释放出去，如疾病、精神障碍等等，会影响健康，更会影响生活。

所以，与其让坏情绪在心中蔓延，还不如找个方式发泄出去，一定不要让坏情绪在心中积少成多，而让压力演变成精神上的杀手。可以说，坏情绪如不释放，定会造成我们身心的影响，严重时会导致抑郁、胸闷甚至是癌症。

方法 2

莫要自陷囹圄，用实际行动来释放

在职场，有压力这是一件再正常再普遍不过的事情。不论是领导，抑或是员工，无论是把职业当成事业，还是仅仅为了糊口，大家都会有需要宣泄的职场压力，这些状态一般表现为：

第一，永远踏实不下来，总觉得工作很琐碎也很难做，经常挂在心上，甚至是半夜也觉得难安。

第二，经常加班，工作密度大，强度大，每天的时间除了睡觉全都用在工作上，感觉身心疲惫。

第三，过于苛求自己的工作结果，总觉得不完美，甚至否定自己的能力。

第四，公司内部常有的人际关系问题让自己感觉焦头烂额，烦躁不堪。

上述症状都是一个人存在强大职场压力的表现，这种感觉会让人非常烦躁，甚至情绪濒临崩溃。而这种长时间的焦虑会让人的内心深处积累过多的阴郁，久而久之会产生生理健康上的负面影响。所以与其让自己被烦恼纠缠，不如做点儿什么去排解这种感觉。

当然，用实际行动去排解压力并非是随便去行动，而是要用科学方法去行动。就像是曾经有个年薪百万的高管，鬼使神差地就去打劫了一个路人的金项链，价值不过三千块。后来警察问他为什么要这么做，他的理由仅仅是"就是觉得莫名烦躁，想放纵自己一把而已"。他就是因为职场压力过大，却没有用健康的实际行动去排解，终究造成不好的影响和后果。

把握好分寸，通过正常健康的活动来宣泄职场压力，不难，但也不简单，所以对于成年人来说，把握其中的"度"，找到平衡点非常重要。现实中我们常见到的宣泄压力的行为有：

第一，酗酒。这样的人很多，酒精确实可以让人暂时忘掉烦恼，但是时间久了会对人的身体造成什么样的伤害，每个人都清楚。

第二，用亲人做"出气筒"。经常会有人因为自己压力过大而和家人为了一点小事而大吵大闹，其实这样会给亲人造成很大的感情伤害。

第三，高速驾车。高速驾车的刺激感可以让人感觉压力被甩出去了，但是危险性也是很大的。

以上述方式宣泄压力的人不在少数，虽然确实可以暂时缓解压力，但总的来说弊端很大，应尽量换种健康的方式。

目前都市人生活的压力的确很大，尤其是高级白领们，生活、感情、工作上的压力越来越大，所以一定要找到合适自己的宣泄方式，不能让压力越积越大，最终伤害的只能还是自己。

其实也有很多种宣泄方式是比较积极健康的，有一些人就用下面的方式来宣泄：

第一，打电动游戏，或者在电玩城听着喧嚣的人声和游戏声寻找快感；或者在家守着电脑打激烈型的枪战游戏进行宣泄。

第二，找信任的人大哭一场，或者去看海，在海边使劲哭。

第三，运动转移注意力。或者羽毛球、网球、乒乓球；或者游泳、健身等等。

第四，按摩解压。做美容、做SPA，让全身放松，缓解压力。

第五，倾诉倒垃圾。把情绪说出来，心里的包袱就已经卸掉一半了。

第六，噪音解压。有的人站在桥下，就为了听火车的跑轨声，声音越大，

心灵越畅快。

其实这些办法都属于积极的宣泄方式，只要你想做、愿意做，那就行动吧，让自己用这些方法去面对那些压力，当压力解脱时，会发现生活真的很美好。

方法 3

向信任的人倾诉

其实倾诉是一种特别好的调节情绪的方式，非常有效。把自己在工作中、生活中积压的情绪向自己信任的人倾诉一番，就会感觉很轻松了。

我们身边都会有那么一两个知己，就算有压力、有不快在身，和他们出来聚聚会、唱唱歌、聊聊天，积压在心里的情绪也就烟消云散了。

益友是可以帮我们解压的，千万不要把闷气憋在心里，多多向朋友倾诉吧。有研究表明，一个人如果拥有朋友，则会长寿20年，这说明了朋友存在的重要性。

曾经听一个女性说过，朋友对自己太重要了，平日自己工作压力特别大，非常烦心，有时会被压力弄得感觉精神疲惫，情绪难以把控。然而一旦此时有个朋友打来电话安慰，或者自己主动寻求出口打电话给朋友，释放一下情绪，把所遭遇的事情说一说，心情马上就会变好，压力也会消失得无影无踪。

有的男人习惯把心事藏在心中，觉得和朋友说自己的不快是一件很丢面子的事情，所以相对于女人来说，他们心中积郁的坏情绪要多得多。

从对身体健康的角度而言，男人真的应该进行更多的倾诉，应该如何突破"男人有苦不轻言"的心理障碍呢?

第一,让自己回归"平凡人"

很多男人都希望自己表现得像个无坚不摧者,归根结底还是为了所谓的"面子",怕说出自己的软弱让人瞧不起。所以一般在人前总是强颜欢笑,即使说,也是报喜不报忧。所以建议男人们卸下那层强势的面具,积极主动做个有情绪感的"平凡人"。

第二,找到自己的朋友,主动交流烦恼

男人容易在职场上受挫,一旦不顺心,总是喜欢用一些非正常的手段去排遣,要不就情绪上压抑,身体上用超负荷健身等方式把自己弄得筋疲力尽;要不就用抽烟、酗酒等办法刺激自己的神经。其实这样真的不如去求助朋友,和朋友交流交流自己遇到的困难,既可以排解压力,也可以寻求第三方的建议。

其实人活在社会中,不可以独善其身,我们的社会性就定义了彼此间应该多多做交流,通过与别人的谈话,既可以反思自己,也能够获得心理支持,增强自信心。

当然倾诉也是应该有所注意的,对可信任的人倾诉,在合适的地点场合倾诉,不要像祥林嫂一样重复倾诉一件事等等,切忌随心所欲,否则也会给自己、给朋友带来其他的压力和情绪。

曹玲娥,生意人,因为曾经被对手陷害,导致自己惹上了生意官司,经济大受损失。心理压力巨大的她,选择向知己一吐为快,真心关怀她的朋友们也鼓励她走出阴霾,后来她的心情好了许多。可当事情过去了很久,她却又一次次地向听过她"故事"的朋友们再次重复这些事情。到后来她受不了独处,受不了不说话,一旦闭嘴就觉得特别空虚,于是她开始找更多的人倾

诉，甚至逢人就讲自己的遭遇，以致变成了"祥林嫂"。最后朋友们都怕了，甚至不敢接她的电话，慢慢地她变得更为孤僻，心理压力更大，情绪也更为不好，更严重的是，友情也渐渐散去。

曹玲娥的事例很典型就是负面的倾诉方式，很多女性都不分场合、不分情势，像倒垃圾一样把自己的情感垃圾一并发泄给他人，那么这样的倾诉绝对不是对的，反而还会让自己陷入更为焦虑的境地。

所以，对于女性来说，遭遇到让自己不快、令自己负面情绪产生的事情，应该主动找朋友倾诉一下，以释放压力；但千万不要养成凡事都倾诉的毛病，最好的办法就是找关键的事情去说，说过了就算垃圾倒掉了，那么这一段的经历，就让它过去吧，再不提了。

方法 4

让悲伤随眼泪散去

谁说眼泪总是无用的？谁说流眼泪的人无能？多数时候眼泪总被冠以懦弱等消极词汇，仿佛在悲痛时只有把眼泪强忍下去的男人才算男人，事实真的是这样的吗？

我们可以不说流泪是表现自己真实一面的做法，也不说看着别人的眼泪，我们本源的同情心四起，于是拉近了彼此距离，其实就单从物化角度来说，眼泪是可以排除身体毒素的，这必然也能帮助人们把压力释放。

我们可以把眼泪当成是一种情绪的宣泄方式，这是一种释压的办法。有研究表明，强忍眼泪，压抑情绪，是会导致忧郁症的，严重时也会危害到生理健康。

美国一些学者曾经做过一个有名的实验，先找了一批人去看一部特别感动的电影，然后收集了他们的眼泪，在试管里存下；过了几天，又切了几颗洋葱，刺激先前那批人再流下眼泪，存在另一批试管里。

随后对这两批眼泪进行了对比研究，发现"情绪眼泪"和"化学眼泪"的成分大不相同，"情绪眼泪"中有一种物质叫"儿茶酚胺"，而"化学眼泪"中却没有。

所谓儿茶酚胺，就是一种大脑在情绪压力下释放出的化学物质，量过多会引发心脑血管疾病，甚至是心肌梗塞。所以研究可判定"情绪眼泪"排出的是对人体有害的"毒素"。

数据统计，一个人哭泣后情绪强度会降低40%，而长期不哭、憋闷情绪的人，压力无处释放，很容易影响身体健康，还会得疾病，比如结肠炎、胃溃疡等等，都是源于情绪压抑。

人在情绪压抑的时候，身体里会产生一些有害的生物活性成分，但哭泣却可以排泄这些有害物质，所以之后会令心情缓解。有实验表明，哭过的人群，自己都会感觉状态比哭之前要好很多。

美国著名的医学博士弗雷后续研究关于哭泣与健康的关系，更发现女子寿命比男人长的原因，是因为女人更爱哭，所以身体中因为情感压抑而产生的毒素可以适时排出。

而且，由于宣泄情绪的眼泪中含有很多蛋白质，所以以流泪的方式来排遣职场压力绝对是有效的宣泄方式。既然如此，想哭就哭吧，让身体里的毒素都滚出体外。

所以，请你不要怕哭泣，找一个没有人的地方，或者在一个自己信任的

人身边，使劲地哭吧。如果知心人在此时拍拍肩膀抚慰你，那排解效果会更好。不要再忌讳哭泣，因为它可以帮我们解压。

由于很久以来，父辈教育我们要坚强，遇事不哭，久而久之我们哭泣的本能被压抑了，现在就帮助大家找回这样的本能。

第一，用行动去找回哭泣的本能

找个隐秘的空间，坐下，把手放在锁骨上方，做短促呼吸，并刻意急促地重复呼吸，发出嘤嘤的哭泣声，然后听听声音的感觉，别避讳自己流露出软弱。这时候如果你发现自己的太阳穴有些痛，这就是你压力太大的表现，这时候最有效的解压方式，就是哭。

第二，找一个对自己痛苦感同身受的朋友，一起痛哭

其实哭泣的时候，就是我们放松身心的时候，把"哭泣"与"软弱"等同的概念放下吧，释放自己，大声哭泣。

我们可以找一个和自己感应很深的挚友，会发现，当对方对自己的痛苦感同身受时，自己的痛苦就会得到缓解。但这样的朋友并不是随手拈来的，如果没有这种朋友，我们就让自己去感受自己，效果也很好。

方法 5

模拟报复行为释放情绪

张军是一家跨国外企的部门主管，平日为人谦逊，态度平和，从没和谁红过脸，更别说指责他人了。

但张军有一个习惯，由于公司离机场很近，经常会有飞来降落的飞机经过，而且离他们公司的楼顶很近。张军有时候会站在楼顶冲着路过的飞机大声嘶吼，这行为让人感觉很费解。终于有一次在询问下知道了真相。张军作为部门主管，每天也有很大的工作压力需要宣泄，于是他找了这样一个办法，遇到挫折和不快时就冲着路过的飞机发脾气，飞机飞走了，情绪也就随之而平和了。

其实他的行为，很接近一种科学化宣泄方式的名词——模拟报复。他在对飞机嘶吼的过程，已经是将自己心里某一种不快通过报复的手段转移给飞机了。与严格的模拟报复所不同的是，飞机不是更为具体的发泄对象。

这种有效的宣泄办法是日本企业家首先发明的。日本是一个工作效率奇高、人人压力都很大的社会，由于企业中绝对的军事化作风，一丝不苟的员工们通常紧绷着弦，每天都很紧张，却对上司敢怒不敢言，心里的苦闷只有自己清楚。

后来老板们想到了这样一个办法，根据员工对受委屈对象的形象，制作了很多惟妙惟肖的模特，放在专门的一间屋子里，供员工来发泄情绪，可以随意打骂，甚至砸坏。这就是所谓"模拟报复"的起源。不仅被日企广泛采用，渐渐也变成了一种有效的职场减压科学法在世界传播。

有一家公司管理制度严格，规定员工每天7小时须马不停蹄地工作，即使遇到难缠客户，也要微笑对待。这使得公司员工的情绪非常暴躁，压力也很大。为此，公司专门设立了一间"情感宣泄室"，在拥有30平方米的玻璃房内，摆着一排"出气设施"，配备拳击套的"击打器"、护手的"打砸器"、"拉拽器"等，只见20岁的女员工媛媛对着室内墙上一个人的头像破口大骂，激动时还捡起身边的杯子砸过去。原来这就是模拟了欺负她的客户的形象。

媛媛用模拟报复法，宣泄了情绪。

自从该企业老板想到了这个妙招，员工由工作中引发的情绪得到了良好的缓解，以后办公室里的气氛变得非常积极，工作效率也大大增加了。

虽然并不是每个企业都有条件为员工开设这样的空间，但却帮我们在解决这个问题上另辟了蹊径，原来模拟报复是可以帮助人把自己的压力释放出来的，是一种科学可行的办法。

这只是一种办法，但对于上班一族来说，在公司的一言一行都要注意，别人都看在眼里，所以也没必要非得用这种宣泄方式。其实我们完全可以用之中张军的那种办法，对着飞机放声大喊。也可以自己制作一个惟妙惟肖的模特放在家里去"报复"。

方法 6

定期清空心灵垃圾

大量的欲望充塞在我们的头脑中，我们的眼睛里充满了索取和渴望，但我们却忽视了去感受内心，感受存在于我们心底的能量。时间长了之后，我们心中堆积的情绪垃圾就会越来越多，诸如焦虑、愤怒、恐惧、紧张等，我们会感觉呼吸不畅，压力山大，痛苦不堪。如果能够为自己的心房建立一座"回收站"，一方面我们可以在心里储存快乐，另一方面我们又能扫除不良情绪，启动内心的无限能量，拥抱更美好的人生。

第一，为自己建造一个回收站

其实我们每个人都是一台计算机，自带了一个名叫资源回收站的程序。我们主要用它来存放删除的文件以及废弃的数据，以此减少内部程序的冗余。定期为计算机做个清理，不仅能够维护与保障软、硬件程序的正常运行，而且在面对清爽干净的计算机时，自己的心情也会更加美丽。做人也是如此，如果我们能够定期打扫自己的心房，将那些不良的、繁冗的情绪移除到回收站中，然后全部清空，就会在一瞬间豁然开朗，轻松愉快。

美国心理学专家认为，人类作为有感情的群居动物，难免在生活中会发生冲突和摩擦，会碰上闹心事，也会产生悲观心情，如愤怒、焦虑、怨恨等，这些都是所谓的情绪垃圾。这时候，如果情感得以控制，就能重获心理上的健康，而一旦情绪失控，则会变成这些垃圾的俘虏。

其实，我们每个人都多多少少会出现消极情绪，所以也就无法杜绝自身情绪垃圾的产生。如果长时间不清理的话，这些情绪就会像细菌一样在我们心房滋生，并填满它，最终在我们身体里爆发。垃圾情绪越堆积，我们的身心就会越不适，甚至还会闹出大病。所以，对于那些令人痛苦的过去、那些令人不快的往事，我们千万不要像嚼口香糖一样，反复咀嚼，遍遍回味，因为这些毫无益处的垃圾不仅不能提供给我们丝毫帮助，更会让我们变得越来越难受、越来越悲观。

医院里，通常只有两种病人，一种是对自己的病症过于执着，无法忘掉身上的病痛，每天都闷闷不乐、悲观消极，甚至绝望等死的人。另一种是暂时搁置自身的病情，多听高兴的话，多做快乐的事，暂时忘记痛苦，摆脱病魔的侵袭，心情也愈发舒畅，精神气色也逐渐转好的人。这两种人因为生活的心态和方式不同，结果自然就截然相反。所以，如果想要活得更轻松、更快乐，我们必须要给自己建立一座回收站，使焦虑、紧张、恐惧、不满等情

绪垃圾得到定期清理，使心灵的空间更加明朗。

第二，学会健忘，卸载烦忧

我们每个人都会有烦恼。如果想让自己尽可能多地感受到幸福和快乐，就必须明白该放下什么，又该在意什么。当我们斤斤计较于一些鸡毛蒜皮的小事时，这些冗余就会占据本就有限的心灵空间。

和幸福愉悦的回忆相比，我们往往更容易铭记那些痛苦、失败，或是不幸的过往。我们总会不禁地一遍遍回味过去，体验曾经的痛苦。但事实上，这些痛苦的记忆早已过去，反复咀嚼它的话，对我们毫无益处，还会占据我们心灵的大量空间，严重影响我们的心境。

美国纽约办公大楼中的一位控制电梯的工作人员，曾经在社会上引起了广泛关注。他的左手因一次车祸丧失，年纪轻轻就变成了残废。偶然的一次机会，一名生活时报的记者在办公大楼的电梯间里遇到了这位年轻人，职业习惯使她问道："没有了左手，你会感到不习惯吗？"年轻人的脸上没有一丝愁容，反而微笑如阳光般灿烂。他回答记者："完全不会。因为我早就忘掉了这件事！所以它并不会给我带来什么不便，只是在穿针引线的时候，才会稍感不适。"

现代社会中有这样一句流行语："健忘的人才会快乐。"的确，如果记性太好，他就会总是感伤于过往的种种不幸而无法释怀，那么眼前的时光就会被他白白浪费，快乐和幸福的机会也会因此悄然流失。如果我们能够健忘一些，卸载掉心里无端的忧愁与烦恼，轻装前进，那么我们就会发现人生的道路上花团锦簇，幸福与快乐无处不在。

第三，为自己的心灵环保

一名患者来到心理诊所，她今年刚满 18 岁，是个清瘦白净的小美女，但是表情却十分痛苦。一番交谈了解后，心理医生确诊她患有严重的焦虑症，并伴有饮食障碍。原来，这个女孩品学兼优，而且多才多艺，但是她的家庭关系却十分不和谐，父母总是不顾她的感受，相互指责，大吵大闹，甚至把她夹在中间互施压力，这使得她经常焦虑和忧郁，最终患上心理疾病。

当今社会，有很多人身患心理疾病。心情阴郁、容易被伤害、容易被打败、一蹶不振等是他们的通病。究其根本原因，就是因为他们的心灵长期被不良情绪所占据，诸如紧张、焦虑、恐惧等，当消极情绪战胜积极情绪时，就会严重影响身心健康。如果能够及时调节心中的不良情绪，避免消极情绪的堆积，那么我们的心灵就会更加健康向上，身心更加平衡和谐。

名言有道："人们的不快乐往往都是因一些芝麻绿豆的小事而引起的，我们能躲开一头大象，却躲不开一只苍蝇。"其实，在琐碎的小事面前，无论是在工作、家庭还是生活中，我们大部分人都无法避免出现忧郁、焦虑、躁动的情绪。但这并不可怕，只要我们能够正确对待这些不良情绪，并及时处理掉，那么我们的心灵、健康也就不会被影响。

生命有限，所以我们应当力争减少身心的痛苦，增加快乐的存在。当情绪垃圾在我们的内心里堆积成山时，我们应当挥舞思想的扫帚，围好理智的围裙，做一名心灵的环保师，扫走悲观，除掉忧郁，打包扔掉消极心态，还心房一份清爽洁净，一片阳光灿烂。

方法 7

学会倾诉，找准对象

所谓将压抑"说"出体外，就是指倾诉，就是毫无保留地倾吐自己的喜怒哀乐，特别是怒和哀。这既可以排遣感情，也可以调节心理。如果苦闷和烦恼长期郁积在人们心头，无法排解，就会变成沉重的精神负担，伤害身心健康。柯利切尔，英国权威心理医学家，他同样也认为：堆积的烦闷忧郁就像一种势能，若不能及时被释放，就宛如一颗定时炸弹，潜藏在心底，一旦触发就会一发不可收拾。但若能及时得到发泄或倾诉，便可远离病痛，永葆健康。

我国古代医书《黄帝内经》中也有过类似的记载："思伤脾"、"忧伤神"、"恐伤骨"、"悲哀愁忧则心动，心动则五脏六腑皆摇"等。这些无不说明烦闷是会伤身又伤心的。

现代医学研究也发现，抑郁、焦虑等不良情绪的积压是癌症、高血压、心血管等疾病高发的原因之一。换言之，当一个人心理负担过重，被压得喘不上气来时，各种疾病也更容易随之而来。反之，如果可以向另一个人一吐为快、尽情倾诉，他就会感到如释重负。这种心理上的应激反应，在现代心理学中被称为"心理呕吐"，它可以平衡内心的感情和外界的刺激。

心理专家指出，倾诉不仅可以缓解压抑情绪、释放压力，还可以防治各种内科疾病，尤其是对心血管病和肿瘤行之有效。所以善于倾诉的人，心理往往更健康，身体也更强壮。

但是，有很多人并不愿意向别人倾诉自己的不快。因为在他们看来，只有懦弱、无能的人才会向别人诉苦，而且一旦诉苦还有可能成为别人的笑柄；若是对方对你所倾诉的内容嗤之以鼻，那么想要获得心理安慰的希望也就会随之落空，不但不能解决原有的问题，还会徒增新的苦恼。同时，把自己的秘密告诉别人还存在安全隐患，说不定哪天你的事情就会成为大家茶余饭后的谈资，被公之于众。

小张对此深有体会，他刚和女友分手不久，内心十分痛苦，在一次同事聚会上喝醉酒后的他，和一个同事提起此事。可没想到的是，那个同事不但没有安慰他，反而嘲笑他太看重感情，不像个男子汉。而且还同另一个同事一起笑话他。小张心里更加愤懑，从此只字不提这件事。不久，得知他的前女友要结婚的消息后，小张深受打击，甚至产生了轻生的念头。

类似的感情经历很多人都体验过。小张的倾诉之所以没能缓解伤痛，反而徒增苦恼的主要原因就在于，他倾诉的对象选错了。并不是所有人你都可以向他倾诉苦痛的。只要你选对了倾诉的对象，结果就会完全不同，也许还会产生"你的忧愁在不知不觉中随风飘散"的效果。

那么，究竟该如何挑选合适的倾诉对象呢？

第一，必须是值得信赖，能够保守秘密，又不会大嘴巴的人。

第二，他可以是一个不发表任何意见，仅仅为你提供一个倾诉的环境，做你认真的听众的人。不论你有怎样的奇思妙想，他都可以接受，并且理解，会让你产生一种安全感，从而无拘无束地表达自己真实的想法。这样说不定你还会在倾诉的过程中引发思考，学会换一个角度看问题。

第三，他应该是一个会给你真诚鼓励的人。比如他常对你说："没事的，

有我在"，"不要怕，它并没有那么难"，"不要胡思乱想，还有很多人爱你"，"不准瞎想，这种困难很快就会解决的"，"再坚持一下，胜利就在前方"，等等。这些话看似简单，但有时却会在倾诉者心里起到意想不到的积极作用。

第四，他应该是一个可以帮你分析不良情绪产生原因的人。他可以从一个新的角度看待你自认为痛苦的经历，并发表一些积极的观点，进而帮你找出解决问题的办法。这样不仅可以有效调节你的情绪，更会使你从中得到成长和超越。

第五，咨询心理医生，因为他们是最有效也最安全的倾诉对象。职业道德要求他们保守咨询人员的秘密。而且，一般情况下他们与你的生活圈没有一点重叠，算是完全的陌生人，所以他们也不会四处宣扬你的隐私。此外，他们还会以自己的专业知识给你提供一些正确的指导。在心理咨询时，医生大部分时间只是在充当一名听众。患者在情绪宣泄完毕之后，病情基本上也就好转大半，此时再加上医生适当的暗示和引导，心理疾患往往就会"迎刃而解"。

除了倾听者要合适之外，还要把握时机，切不可只顾自身利益，即使对方事务繁忙也要硬向他倾诉。最好的方法就是先问一声："我最近很烦，如果你有时间的话，能和你聊聊吗？"在得到对方肯定的回答后再说也不迟。而且在选择地点上也要注意，尽量不要在经常有熟人出没的地方交谈，并且最好能在交谈前消除一切不必要的外界因素，哪怕是一只不懂人话的小狗也要避免。总之，谈话的私密性，以及双方的专注度都要得到保证。

最后一定要记得在"宣泄"完毕后向对方表示谢意，毕竟别人的时间被你占用，并且帮助了你。另外，还要切记一点——"千万不要让自己变成祥林嫂"。绝不要廉价地向每个人都倾吐自己的痛苦和烦恼，否则你的命运就会像

"祥林嫂"一样，遭到旁人的鄙夷和敬而远之。

总之，在倾诉时，只有遵循以上几点提示，才能发挥倾诉的最大作用，有效地缓解压力。套用一句名言："当你向朋友倾诉忧愁时，你的忧愁就会减少一半。"但减少的那一半忧愁倾听者并没有承受，而是随着你的倾诉灰飞烟灭了。

通常意义上的倾诉是指向他人倾诉。此外你还可以对自己倾诉，不一定非要向别人诉说你的烦恼，很多时候，你也可以选择写日记和自言自语等自我倾诉法。

美国心理学家做过这样的实验：他让接受实验的人连续写一星期的日记，并在日记中宣泄自己心中的不快。随后发现，三个月里，他们看心理医生的次数减少了一半。而且，他们的免疫系统功能有了明显的增强。这些人坦言，当他们把不宜对外人道的秘密写下来后，心里好像一块大石落地，觉得轻松多了。当然，如写便条、信手涂鸦这样的小做法也有异曲同工之妙，因为它们能及时释放出埋藏在心中危险的压力，使你的心理更健康，进而也改善了你的身体健康。

对于懒得写字的人来说，对着镜子自言自语也是一种非常有效的情绪宣泄方式。心理学家认为：自己声音的音调能给人一种安全感和人际接触的感受，从而起到一种镇静的作用。头脑混乱时，可以通过大声地自言自语来梳理清楚，甚至还可以缓解紧张与劳累。你可以对着镜子，随心所欲，想说什么就说什么，想怎么说就怎么说，你甚至还可以想做什么就做什么。例如模仿那个招惹你的人，丑化他的形象，让事情按自己的想法发展等。同时，你还要经常给自己加油，对自己说"我最棒！"之类鼓励的话，让自己有自信、更快乐。

自我倾诉的作用十分显著，它不仅可以释放出长期积聚在心中的压抑情

绪，还可以排解巨大的压力，使心理处于平衡和协调的状态。更妙的是，自己既是倾诉者又是倾听者，不用麻烦别人，也不用在意别人异样的眼光，更不需要任何的费用，所以自我倾诉可谓是经济又实用。

方法 8

笑容多一点，压力小一些

"笑一笑，十年少"，这是妇孺皆知的道理。还有人提出了"笑是永葆心理健康的灵丹妙药"这一理论。其实早在两千多年前，《黄帝内经》中就有这样的记载："喜则气和志达，荣卫通利。"这说明精神乐观的人，气血更和畅，生机更旺盛，从而身心也会更健康。而民间也有很多关于笑的谚语，如"生气催人老，笑笑变年少"，"笑口常开，青春常在"，等等。由此可见，只有情绪乐观、笑颜常驻、笑口常开的人才会健康长寿。

因为笑可以增强人体的免疫系统功能，所以笑是对抗压力的根本所在。最新的研究表明，发自内心的欢笑能减少人体内压力荷尔蒙的释放，而压力荷尔蒙又正好会抑制免疫系统的正常功能发挥，所以笑有利于减少压力，增强免疫能力，以及使人体生理和心理都更加健康。研究人员通过对血液样本的对比实验发现，人们在观看喜剧后血液中三种和压力有关的荷尔蒙都大幅度下降，其中压力荷尔蒙更是下降达到70%。由此可见，笑是抗压的灵丹妙药。

一生从事人体生理机能研究的德国生物学家隆涅，在他92岁高龄时，国家给他颁发了荣誉奖章。在授奖仪式上，隆涅接过奖章发表感言，但是在他的感言中，既没有谈到获得荣誉的感想，也没有向在座的科学家们表示感谢，而是三句话不离本行，谈起了人体机能结构。

隆涅的感言是这样的："今天出席大会的许多人已经不再年轻，所以对你们来说，现在最重要的就是节省精力，延缓衰落，永葆青春。因为只有这样，在科学的大路上我们才会取得更大的成就，作出更多的贡献……"

会场上的科学家们都被他这别具一格的感言吸引住了，津津有味地继续听下去。

"也许，你们不知道，或者不如我知道得清楚。和皱眉需要牵动 30 块肌肉相比，笑一下仅需牵动 13 块肌肉。所以笑一下所消耗的能量比皱眉头少两倍还多……"

听到这儿，会场上开始活跃起来。

隆涅继续发表他的演说："而且皱眉头是肌肉的紧缩运动，而笑却是肌肉的舒展运动，其功能就大大不同，所以，亲爱的同行们，请大家经常笑吧！"

话音未落，会场上的科学家们就全都喜笑颜开。

如果听到一件好笑的事情，那就应该尽情大笑，而不是拘泥于笑的形式。只要发自内心、触动真情，不论是开怀大笑，还是莞尔微笑，都有利于调节情绪，舒缓压力，带给人快慰和希望。

英国的一所大学还专门创办了一个"幽默教室"，在这里，每个人都可以用任何方式发笑。

从古至今，笑都被看作是强身健体、治病防病的良方。而且古代医生早就以笑治病。

金元时期的名医张子和就发明了"喜胜忧"、"喜胜悲"的情绪疗法，医

治了许多病人。曾有一县令，他的妻子患有厌食症，并伴有间歇性高声叫骂，凶若杀人的状况。县令为其妻遍寻名医治疗，但始终不见好转。后请到张子和前来诊治，于是名医张子和就先在第一天请来两个化妆新奇的歌舞艺人在病人面前载歌载舞，第二天又让他们学动物相互顶角、戏嬉，引患者发笑。之后，又找来两个大饭量的妇女，经常围在病人身边大吃大喝，还夸赞饭菜的香甜可口，以此引出患者的馋意，让她自己想要吃饭。随之，县令之妻果真食欲渐增，病也渐渐告愈。不久后，她还生下一个健康的胖孩子。

像这样的例子简直不胜枚举。可见，笑真是治病健身的良方。

科学研究证明，大笑 1 分钟，可使全身放松 47 分钟。因为当你笑的时候，即使是微微动动嘴角，也会牵动面部的 13 块肌肉。如果是开怀大笑的话，更会使面部、胸部、腹部的肌肉全都加入运动。而且在笑的过程中，我们会吸入更多的氧气，呼出更多的废气，新陈代谢变好了，身体自然就会舒服，心情也会随之好转。

笑实际上就是身体内各器官间适当的协调运动，如呼吸器官、胸腔、腹部、内脏、肌肉等。笑不仅有益于呼吸系统功能，更能增强消化液的分泌和消化器官的活力；同时笑还能舒缓紧张情绪，调节心理，消除烦恼，振奋精神；笑还具有调节植物神经系统和心血管系统的功能，会加快血液循环，从而使脸色变得红润；在增强肌体活动能力和抵抗疾病能力方面，笑甚至会比某些药物更有作用；再加上愉快的心情对内分泌的变化大有影响，会增加肾上腺分泌，增高血糖，加速碳水化合物代谢，从而使新陈代谢更加旺盛，因此促进身体健康。

另外，笑还能刺激大脑产生一种激素，名为内啡肽。内啡肽是一种生化物质，存在于我们的脑和神经组织里，这种物质与吗啡相似，能够镇痛，是天然的镇静剂和麻醉剂。

笑所具有的以上诸多功能不仅会增强身体健康，同样也可以鼓舞精神。

杰克森是美国一家广告公司的部门经理，工作一向出色。有一天，他要在开会时和客户见面谈话，心情很差的他为了不让情绪低落、萎靡不振的神情在客户面前表现出来，就在会议上装出一副笑容可掬、谈笑风生的样子。但令人惊讶的是，"装扮"心情后的他收获了一个意想不到的结果——之后不久，抑郁不振的心情不见了。

美国心理学家霍特指出，杰克森在无意中掌握了心理学上的一条重要规律：假装某种心情，模仿某种心情，往往会使自己真正获得这种心情。

所以，当我们在生活中遇到困难、遭遇不幸而心情变糟时，鼓励自己多笑一笑，这样不仅能够缓和气氛，更能感染别人与自己一同渡过难关。"笑是生命健康的维生素"，如果你能经常面带微笑，那么因为脸上的笑肌，你会看上去更加年轻、开朗、友善和亲近。生活的实践证实，对于健康而言，笑是不可多得的维生素，是经济实惠的灵丹妙药，是行之有效的人际关系调和剂。体魄健壮、心理健全和良好的处世态度是世界卫生组织对健康确定的十项标准中的三大方面，而唯有笑才是覆盖这三个方面的"全能选手"。

在生活中，我们应该时刻让自己置身于笑的海洋，让身心、时间和空间都充满了欢声笑语。所以我们应该多接触爱笑的人，因为欢乐可以共享，笑容可以传染；我们应该多看一些幽默的笑料，增添自己的乐趣；我们应该多陪陪天真的孩童一起玩耍，因为他们的天真无邪、顽皮活泼，会让天性之美深入内心；我们还应该懂得发笑的技巧，经常逗自己开心，让笑声驱散那些烦闷和压力。

方法 9

建立积极的"心像"

高尔夫球爱好者詹姆斯·纳斯美瑟少校曾经整整7年待在越南的战俘营里。7年间，他被关在一个仅仅高约4尺半、长约5尺的笼子里。绝大部分的时间他都被囚禁在这里，看不到一个人，也没有人聊天，更不能做任何体能活动。

7年后，从战俘营里出来的他复出了。当他重新踏上高尔夫球场时，他竟打出了74杆，震惊了所有人！因为7年未上场的他竟然打出了比他自己以往的平均成绩更好的杆数。不止如此，他的身体也比7年前更健康。这使很多人都好奇于纳斯美瑟少校的秘密何在。大家都想知道这一切他是怎样做到的。

原来，这7年间，纳斯美瑟少校为了转变被囚禁的郁闷心情，想出了一种特别的方法。一开始时，他每天什么也不做，只是祈求能够赶快脱身。不过后来他幡然醒悟，他必须以某种方式占据心灵，不然的话他迟早会疯掉或死掉，于是他学习建立"心像"。

自己最喜欢的高尔夫球成为了他的首选，他坚持每天在心里"打"高尔夫球。每一天，他都在想象中的高尔夫乡村俱乐部里打18洞。他在想象中体验了一切，甚至包括那些平时被自己忽略的细节。他想象着自己穿着一身高尔夫球装，戴着太阳镜，鼻尖还残留着空气的芬芳和草的香气。同时他还体验了不同的天气情况——春意盎然的春天、阴沉昏暗的冬天、阳光普照的夏日、萧条清冷的秋日。在他的想象中，熟悉的球杆、翠绿的小草、挺拔的大树、啼叫的鸟儿、跳来跳去的松鼠、球场的地形无不历历在目，他陶醉于这些想象当中，感到美好，甚至还有点兴奋。不一会儿，他就想象着自己手握球杆，推杆、挥杆，练习各种技巧。正式打球时，他想象着球落在刚刚修整过的草坪上，跳了几下，就滚入他所选择的特定点上，内心成就感大增。想象中打完18洞的时间和现实中的一模一样，绝不忽略任何一个细节。他没有错过任何一次的挥杆左曲球、右曲球和推杆的机会……这一切在他心中每天都重复上演一回。

原本，他和一般在周末才练球的人打得差不多，处于中下游水平，90杆左右。而现在，他坚持每天打4个小时，18个洞，并且从不间断。所以7年后，少了近20杆——他打出了74杆的好成绩。这一切的进步全都得益于他所创造的"心像"法。

心理学上讲的"想象疗法"与"心像"法拥有异曲同工之妙。精神心理学研究证明，大脑与人体之间存在着某种渠道，虽然尚未被人了解，但这个渠道联系着思维活动与免疫系统。通过"想象疗法"，不仅能够增强免疫系统的功能，有效抑制疾病的发展，甚至还会使疾病痊愈，且能使人的心情更加愉悦。那么，究竟是什么原因使"想象疗法"拥有如此神奇的治疗作用呢？

原来，"想象疗法"的关键在于转移患者的注意力，使其树立一种信心，继而增强战胜病魔的勇气，看到活下去的希望。科学家甚至预言：许多慢性病将会因"想象疗法"得到治愈。在养生方面，想象的作用也是不可低估的。想象养生，就是在各种不同想象的情境中使精神得到放松，使压力得到舒缓，使身心得到愉悦。想象一下湛蓝的天空、悠悠的白云、七彩的霞光、碧绿的草地、清澈的溪流、幽静的山谷、无垠的麦田、甘甜的泉水……这些想象，都使人感到温暖、悠闲、安宁和美好……以上列举的只是想象疗法中的冰山

一角，你也可以结合自身的经历，尽量想象一些愉快的事物，以此来调节情绪和放松精神，最终达到健康心理的目的。

比如，你可以"假装"热衷于工作，想象着这是一件非常快乐的事。这一点点"假设"可不容小觑，因为它会让你的疲劳、忧虑、烦闷之感顿时烟消云散，还会让身心的压力得到舒缓。

有一个打字员，她对工作已经变得麻木，每天的工作对她来说就是"讨厌的任务"。有一天，被老板要求重做一份商业计划书的她感到非常生气，但为了保住这份工作，她还是心不甘情不愿地去做了，只是心里的烦躁让她越来越无法安心工作。这时她想起了朋友对她的劝告"你会因为假装喜欢你的工作而变得快乐"，于是她便按照这个方法如是做了。接着她就惊喜地发现，当她"假装"热衷于自己的工作，并把它当成爱好去进行的时候，内心真的平静了许多，而且还变得愈发认真，工作速度也明显提升，而原来的那种疲劳、忧虑和烦闷的心绪也完全不见了。

生活在这个世界上，我们不可能事事如意，一帆风顺。当我们无力改变残酷的现实时，那就试着让自己的思想起飞，乘着想象的翅膀，让思绪随风飘荡，用正面的"心像"激发你的潜能，想象着自己做的事情都是快乐的，想象着自己也很快乐，然后你就会放松心情，舒缓压力。总之，一切都会变得更加美好。这是每个人都力所能及的，当然也包括你！长此以往的话，你一定会收获一些意想不到的结果。

方法 10

在"白日梦"中解放自我

唐代著名诗人白居易认为人生的意义就是"无常、苦、空、无我"。有一次他前去拜访禅学大师鸟窠禅师,并献上一首诗:

特入空门问苦空,敢将禅门问禅翁。

为当梦是浮生事,复为浮生是梦中。

鸟窠禅师同样以诗作答:

来时无迹去无踪,去与来时事一同。

何须更问浮生事,只此浮生在梦中。

鸟窠禅师在诗中指出,人生就是一场梦,对于活着的人来说,浮生这个梦要更加珍惜。在如梦的人生中,我们要学会将梦做得快乐、轻松、圆满,而非惊恐、怨恨、失落。人总会有告别这个世界的时候,那个时候你无法带走任何东西,只会在人间留下自己的名声。不过,留下的名声好坏与否,自己都无法决定。但我们可以选择在"浮生做梦"期间,是做个积极正面的梦,还是消极负面的梦。

做"白日梦"一直以来都被认为是浪费生命的行为,但经过多年研究,人类学家发现,做白日梦不但有益于身心健康,有助于舒缓压力,更会让人精力旺盛,勇于挑战任何困难。

做白日梦还是一种自然的自我催眠行为,短暂的一段时间过后,这种自我催眠的状态就会自然终止,人们就会重新回到现实世界中来。但这短暂的

催眠状态正是缓解心理压力的灵丹妙药。

从心理学的观点来看，"白日梦"是一种幻想的心理活动，发生在人们清醒的状态之下，是一种有效的放松方法。心理学家弗洛伊德说过，大部分的白日梦都是在实现未满足的欲望，及其与现实相反的不安状态。因为大多数人都会多多少少不满足于现状，所以借由白日梦的幻想，他们想要暂时逃脱现实世界，让思绪呈现一种分离状态，以舒缓压力或自我满足。

普通人可以幻想自己遭逢奇遇"飞上枝头变凤凰"。上了年纪的人可以幻想自己回到无忧无虑的童年生活，每天都为所欲为，从而把现实生活的苦闷抛在脑后。再如，职员快要受不了老板的做法，却又不能反抗，这时他可以在心里想象着老板出糗，或者是被怎样怎样，虽然他并没有实际行动，可是通过这种想象，会暂时发泄掉一些心中的不满，让他心平气和地回去面对老板和工作。这些都是通过做白日梦这种自我催眠法，以使自己的梦想暂时得到实现，心理上暂时获得平衡与满足。

做白日梦一方面有利于放松身心，有益于平衡左右脑的使用，使人的机体健康得以"充电"，这种行为会促进免疫系统的生化物质发生变化；另一方面，沉思冥想会使负责语言活动的左脑暂时解脱并处于休息状态，让负责直观的形象思维能力的右脑充分发挥其作用，从而帮助那些善于语言思维和用右手劳作的人们消除左脑疲劳。

白日梦不仅有益于身心健康，更会在舒缓压力的同时，带给人挑战困难的勇气和激情。虽然人们一般都只会关注白日梦的危害，认为那纯粹是一种浪费时间的行为。但事实上，白日梦是一种人的本能机制，它会使人得到休息和放松，是健康的、安全的，所以我们无须担忧，更不必加以抑制。

同时，做白日梦还有利于培养人的想象力和创造力。19世纪德国气象学家魏格纳，他躺在病床上凝视世界轮廓图，不禁陷入白日梦中，突然在他的想象中，世界大陆还原成一个整体，原来是因为产生了漂移，所以才形成了当今的板块，这就可以说明为什么美洲和欧洲、非洲大陆轮廓会如此吻合。

美国明尼苏达大学心理学家朴克杰也曾说过，白日梦的内容多是关系到个人的切身事情，由于脑筋不受传统思维模式的禁锢，问题得到深思熟虑，答案也经过反复推敲，所以往往会收获自己意想不到而又完美的解决方案。另一位心理学家比利保飞顿博士同样指出：白日梦虽然是虚幻的假象，但有益于人的心理健康。人们需要从每天都枯燥乏味的工作中暂时游离出来，在白日梦境的海洋里徜徉，只有这样才能松弛情绪，舒缓压力，从而摆脱生活与工作中的不悦。

第八章

瑜伽按摩减压法
——让身体彻底放松

随着经济的快速发展，人们虽然在物质生活上越来越富有，但身体状况却每况愈下。每天都坐在办公室里的白领们，少有时间锻炼身体，而瑜伽、按摩等运动方式正好适用于忙碌的人们。除了有益于身体健康外，这些简单方便的运动还可以舒缓压力，保持身心平衡。

方法 1

随时做一些小动作

1. 办公室里做甩手运动

在办公室里，原地起立、甩手并轻轻拍打身体的各个部位，也会起到舒缓工作中的情绪压力的作用。因为拍打是一种极佳的自我按摩方式，可以使身体内部的各个经络和器官发生震动，得到放松。而且经常拍打身体还可以减少由于肢体僵硬造成的颈椎病、腰椎病的发作率。

2. 电脑前做抬头运动

长期面对电脑工作时可以做一做抬头运动：挺直背部，在保持头部舒适度的情况下尽量向上抬，维持 10 秒钟，然后缓缓地低头，直到下巴抵到胸口，再维持 10 秒钟，在没有感到不适的状况下重复上述动作 10 次。

3. 早上醒来做伸展运动

我们可以随时做一些小动作，比如早上醒来时，把枕头垫在腰部做伸展运动：两手尽力向头上伸直并努力舒展全身。这时人体的肋骨会上拉、胸腔会扩大、呼吸会深入，大部分肌肉也会收缩，从而促使血液循环加快，达到提神醒脑的目的。

当然，这些只是无数小动作中的小小一部分，但由于篇幅有限，我们就不一一陈述了。而对于以上这些小动作，我们不妨在工作闲暇之余尝试一下，相信这一定会对改善自己的职场压力和不良情绪有所帮助。

方法 ②

呼吸运动减缓压力

古希腊名医希波克拉底曾说过："生命和健康的四大源泉就是阳光、空气、水和运动。"时至今日这句名言已经流传了 2500 年之久。的确，生命的基础就是运动，因为它可以改善心血管功能，增强骨骼机能，促进人体发育，塑造完美体形；它还可以增强神经系统反应的灵敏度与动作的协调性，充分发挥体内各种功能的作用。

呼吸是缓解压力、放松自我的最佳方法，同时也是最易掌握的一项运动。交替呼吸法不仅可以宁静心神，舒缓压力，同时还可以增强人体心肺功能。

爱好运动的人都知道，在运动完后进行放松的时候，深呼吸可以帮助自己尽快恢复到正常心率。而当人十分紧张的时候深呼吸几下，心情也会得到放松。所以对于那些在职场中压力缠身的人来说，最好可以学习一些呼吸减压法。

深呼吸是最好的自我放松方法，它不仅可以促进人体内部与外界之间的氧气交换，还能减缓心跳，降低血压，并能将人的注意力从压抑的环境中转移出来，提高自我意识。总之，深呼吸可以让人时刻镇静，把控情感，并缓解焦虑情绪。

当我们感到压力过重时，可以进行深呼吸运动，而且无论承受压力与否，我们都可以随时练习，比如在上班的路上、吃饭之前、运动的时候都是可以的。至于具体的时间，我们可以自己安排。但其中的技巧我们非常有必要了

解一下：

第一，身穿宽松的衣服，舒适地在地上坐下或躺下，尽量挺直背部。用鼻子缓慢而均匀地呼吸，手指轻放在下腹上，以便了解呼吸最远可至哪里，下腹渐渐有扩张之感，然后腹内的废气被肋骨部位压迫出来。

第二，吐气时只要依照上述过程即可，然后重复循环，在结束时轻轻地收紧下腹，使腹内的废气全部排出。

第三，不要过于着急，更不要超出自己的肺负荷量。只需按照一定的规律呼吸，呼气与吸气的用时相同，时间大约是在心中慢慢数三个数这样的长度，当呼吸容量增大时，时间也可随之变长一点。

第四，减缓呼吸速度，吸气7秒钟，吐气8秒钟，每分钟呼吸4次，连续两分钟后，紧张感就会消失不见。

另外，深呼吸时，最好选择一种最舒适的姿势，站也好坐也成，双手交叉放在胸前，上身放松，吸气的同时扩张胸部，停顿一下，然后双唇紧闭，慢慢呼气，循环往复几次，紧张的情绪就会得到缓解，心情也会随之畅快。

经常做呼吸运动可以增加我们的肺活量，下面为大家介绍三种常见的提高肺活量的方法：

第一，深呼吸法。首先用鼻孔慢慢地吸气，注意在吸气过程中，由于胸廓向上，横膈膜向下，所以腹部会慢慢鼓起。然后继续吸气，使空气同样进入肺的上部，这个过程大约需要5秒钟完成，最后屏住呼吸坚持同样的时间。

第二，静呼吸法。将右鼻孔用右手大拇指按住，用左鼻孔慢慢地呼吸，有意识地想象空气流向前额。当肺部被空气充满时，用右手的食指和中指按住左鼻孔，屏住呼吸10秒钟后再呼出。然后按住左鼻孔以相同的方式重新开始。每边各做5次。

第三，睡眠呼吸法。平躺在床上，两手在身体两侧平放，闭上双眼开始做深呼吸运动。慢慢抬起双臂举过头顶，必须做到双臂紧贴两耳，手指触碰床头。这一过程大约用时 10 秒钟，双臂同时慢慢放下，如此反复 10 次。这个方法还有助于更快地安然入睡。

呼吸运动能够有效地改善呼吸功能，加快血液循环，缓解心脏负担。所以正被压力所困的人们一定不要错过哦。

方法 3

多做健身操

对于职场女性来说，如果不懂得如何排解压力，那么即使再好的化妆品也抓不住青春的尾巴。如果由于工作压力太大而降低了生活的品质，那么糟糕的心情就会一发不可收拾。

拥有一副健康迷人的身材是每个女孩的梦想。那么，究竟如何才能拥有令人称羡的身材呢？其实只要运动，这个梦想就会实现。下面就为大家介绍几种在办公室就可完成的运动，这些运动不仅操作简单，而且效果显著，一起来试试吧！

第一，美胸操

具体做操方法是：第一步，上身挺直，坐在椅子上；第二步，双臂成 90 度弯曲，平举至胸前并拢，如用双手遮住脸一样；第三步，保持这个姿势，以胸大肌的力量全力打开双臂，至平举状态；第四步，重复以上动作 20 次。

作用：防止胸部下垂，使胸部更加挺实。

第二，纤腰操

具体操做方法是：第一步，上身挺直，坐在椅子上；第二步，右手扶在左膝盖上，左手放在背后或右髋关节上，吸气的同时转体，要注意固定腰、胸、颈、头、脚，伸直背肌，尽量向后方转头；第三步，呼吸保持自然，静止15~30秒；第四步，吐气，还原，换方向做相同的动作；第五步，左右两侧各完成15次。

作用：消除腰部两侧脂肪，使腰部更加纤细。

第三，美腹操

具体做操方法是：第一步，侧坐在椅子上，一手扶在椅背上，一手抓住椅子的外侧；第二步，双脚伸直向上举，与臀部同高，与上身约成直角；第三步，吸气，以腹肌的力量向内屈膝收腿，身体稍许向后倾斜；第四步，吐气，还原；第五步，重复上述动作30次，分三组完成，一组10次，每组中间休息30秒。

作用：消除腹部赘肉，使腹部肌肉更加结实，塑造平坦小腹。

第四，翘臀操

具体做操方法是：第一步，双手扶住椅背站在椅子后面，双脚打开，与肩同宽；第二步，慢慢下蹲，注意膝盖弯曲不能超过脚面，且臀部用力向后推；第三步，起身，回到站立姿势；第四步，重复上述动作50次。

作用：预防臀部下垂，使大腿肌肉更结实，塑造丰满翘臀。

久坐的人屁股底部的肌肉容易疲劳，而这对于女性来说，是绝不能容许的。近日美国《洛杉矶时报》健康版就登出了一组练习屁股底部肌肉的方法。

具体操作其实简单易学。

第一步，站在水平地面，两脚打开，距离在0.75米至1米之间，脚趾向前。吸气，将双手放在臀部，挺胸抬头，拉伸脊柱。然后吐气，慢慢弯下腰，双手自然下垂、触地。

第二步，再次吸气，同时弯肘，头顶慢慢靠向地板，臀部顶端直指天花板。正常呼吸并保持这个姿势约 20~30 秒。然后，慢慢伸直双臂，将双手放回臀部，抬起上身，恢复站立位。如果在刚刚跑完步或者锻炼后进行这项运动，还能有效帮助肌肉恢复。

除了上面所提之外，健美操的种类还有很多，如青春健美操、韵律健美操、艺术体操、自由体操、踏板操、迪斯科、形体健身操、广播体操、跳舞操等。爱好不同，选择的种类也不尽相同。

总之，健美操是有效控制体重的健身项目之一，它将体操、音乐、舞蹈融为一体，是一项追求人体健与美的运动项目。因此，健美操具有多种社会文化功能，包括体育、舞蹈、音乐、美育等。通过练习健美操，人们最终可以改善体质、增强健康、塑造体态、控制体重、丰富精神、陶冶情操等。

方法 4

保持心态平衡，达到身心和合

你是否有过这样的感觉：经常感到压抑、沉闷、失落或不快乐；经常莫名地焦虑失眠、小病频发；经常因一些小事困惑彷徨，疲惫不堪；经常热情不再，总苦恼于自己缺少爱的能量。如果大部分的感觉你都曾有过，那么你的身心已经不再平衡。

第一，保持心中跷跷板的平衡

文晓现任某服务行业的销售代表一职，两年前她离开校园，自信满满、朝气蓬勃地进入了这家公司。但在这短短的两年时间里，文晓发生了巨大的变化，更是足足胖了 15 公斤，很多老朋友都认不出她来了。文晓之所以会变成这样，是因为她几乎每晚都会失眠，以致于第二天总是萎靡不振，更是无法集中精力工作。而且尽管天气还不算炎热，文晓也总是阵阵地冒冷汗。便秘困扰得她叫苦不迭，唉声叹气更变成了她的口头禅。

在公司最近组织的一次体检中，文晓被确诊为患有严重的内分泌失调。通过交流，医生认为文晓的病很可能是由于平时工作压力过大而造成的。他建议文晓暂时不要考虑业绩考核、销售定额等工作内容，专心休息一段时间，并接受相关的心理治疗。在心理医生半年的治疗下，文晓终于卸下了内心所有的负担，学会依靠意志保持身心平衡。不久，她的身体就逐渐康复，体重也随之变轻，再次出现在朋友们面前的她又恢复到原先的神采奕奕。

其实，我们每个人的心里都有一个跷跷板的存在，身体和心灵分别压在两端。只要其中任意一端下沉，另一端就会自然抬起，从而导致跷跷板失衡。所以当我们生病时，首先就会影响到心情。病中的我们会情绪低落、无精打采，没有兴趣做任何事，有的人还会因此烦躁不安、焦躁易怒，甚至无端发火。如果我们长期处于消极的状态，那么身体的健康状况自然也会亮起红灯。

现代医学早已证明，不良心理状态的堆积会导致人们变成易患病体质，极易感染多种慢性疾病。比如，一个工作压力无法得到舒缓，长期处于高度紧张状态的男人，他很可能会呈现出脱发、白发、肥胖等状态，甚至还会患有许多慢性疾病，如高血压、高血脂等。如果一个心中不良情绪无法得到排解，整天唉声叹气、对未来忧郁绝望的女人，她的身体一定会越来越差，极易患有各种内分泌系统疾病，如月经失调、痤疮、便秘、盗汗等。所以，对我们每个人来说，身心失衡都毫无益处。

我们应当多加关注自己的身心跷跷板，让它时刻处于平衡的状态，避免遭遇病痛，保持身心健康。

第二，心态平衡，身心和合

想要拥有健康的体魄，就必须尽量保持身心的平衡状态，任何时候两者都是统一与协调的，在面对工作与生活时呈现一种和合的状态。

身心和合的概念早在几千年前就已经被提出了。对于调节身心平衡，古印度的瑜伽术和中国的气功，都是十分良好的训练方法。因为人们在冥想呼吸的时候，身体内部的能量流动更加均匀，会产生一种和谐缓慢的气场。而这种气场可以使身体紧绷的肌肉得到放松，紧张的心情得到舒缓，展现出一种与世无争的美妙感觉，仿佛置身于世外。但是，不管是瑜伽术还是气功，都需要长期的学习和训练，做到坚持不懈。然而生活在如此快节奏之下，人们要想完成它恐怕没有那么充裕的时间。不过，我们可以学习一下以下几招在生活中就可以完成的调节身心平衡的小方法。只要做到坚持不懈，就一定会获益良多。

深呼吸是让身心和合的第一步。在压力或变故面前感到紧张时，人们通常会咬紧下颌，以紧张的肌肉保护自己，防止心灵受到伤害。深呼吸能够使我们的心灵进入敞开的状态，最大限度地得到放松。在吐故纳新的同时，还可以将压抑已久的不良情绪释放出去，让新鲜的空气重新充满我们的身心。

其次，要学会自我欣赏。当一个人不断否定自我时，哪怕他拥有再辉煌的成绩，他也不会感到一丝快乐。因此，我们要学会欣赏、在乎和关爱自己，不仅要诚实面对自己不完美的一面，更要自信满满地肯定自己的长处与优势。

这样才能够使我们的自我价值认同感得到有效的提升，让我们的心灵在积极美好的状态下继续前行。

然后，要懂得建立有创造性的关系。换言之，我们应该坦诚地展示真实的自我，包括脆弱的部分。虽然这样的展示可能会显得真诚而又脆弱，但它同时也是勇气与力量的象征。

最后，我们还要积极地进行人际沟通。因为良好的沟通能够使我们轻松吐露出长期积存在心中的不快，扫除一直堆积在内心深处的垃圾。不仅如此，它还可以帮助我们及时化解与他人之间的冲突，减少不必要的烦恼。事实上，我们的情绪并不会受到他人的影响，高兴或是愤怒其实都是来自我们对他人所做事情的自我觉知和见解。懂得了这个道理，我们就能够轻松掌控自己的情绪，自我调节身心状态，做个心态平衡、身心和合的人。

我们只有做到在生活的点点滴滴中不断地调整纠正自己的行为，以正确的思维模式锻炼自己的心灵，才能找到自我的健康平衡点，享受身心和合的感觉。

方法 5

心理健康，才是真正的健康

日常工作生活中，我们常常会因为拥挤的交通、紧缺的住房、狭小的办公桌而感到憋闷，找不到幸福。长此以往，我们的心情就会变得愈发忧郁，思想更加悲观，身体也随之越来越差，在不知不觉中我们就进入了亚健康状态。

如果我们能够清楚地看清自己的身心状态，然后对症下药，那么我们就能够回归真正的健康，重获新生。但是，真正的健康究竟是什么呢？

逢年过节，我们最常挂在嘴边的就是"祝您健康"。但扪心自问，你知道真正的健康是什么吗？也许你会说健康就是身强体壮、没病没灾。其实，"健康"二字说得容易做到却很难。真正的健康是指身心达到平衡、圆满的状态。所以，我们必须从两方面来评价、衡量一个人健康与否。

如果你想要知道自己的身体是否健康，只需在医院接受一次全方位的身体检查即可。如果检查单上的所有指标均在正常值范围内，那就说明你的身体状况良好。

但是，身体的健康并不等于真正的健康，除此之外，你还要关注心理是否同样健康。如果你拥有正常的心理功能，良好的主观感受，充沛的精力，稳定的情绪，积极向上的人生观，并且面对各种情况都能够轻松应对，那就说明你的心理健康已经达到基本标准。但如果你想要对自己的心理状况有个彻底了解，那就需要到专门的心理诊所进行测试了。

有专家预测，截至2020年，由心理问题引发的疾病总数将占所有疾病中的第一位。如果一个人拥有健康的身体，却没有健康的心理，那么不用多久，这个人的身体就一定会出现问题，并且还会伴有精神疾病，步步迈向崩溃。反之，如果一个人拥有健康的心理，那么即使他日渐衰老、病痛不断，甚至身患残疾，他依然可以面带笑容，积极面对人生。与身体健康不同，衡量心理健康的尺度并不那样一目了然，它没有一个正常值的标准范围，从而不能轻易地看到自身存在的疾病与问题。那么，我们究竟怎样才能做到保持身心平衡，拥有健康心理呢？

《论语》有言："吾日三省吾身，为人谋而不忠乎？与朋友交而不信乎？传不习乎？"意思是说："我每天都会反省自己很多次，替人办事有没有不尽

力的地方？与朋友交往有没有不守诚信的地方？老师所教的知识有没有温习？"而"三省"就是指每天都要多次进行自我检讨，检讨自己是否德行端正，是否待人真诚，是否能够积极消化知识并做到温故知新。如果我们能够学习古人，每天多次检讨自己的言行举止、为人处世，那么长此以往，我们就会——摈弃身上所有的坏毛病与不良习惯。

所以，为了自身的心理健康，我们必须学会反省自己。只有这样，我们才能对错误的行为进行及时的修正，对不良的心态和习惯做出适当的控制，做个真正健康的人。

第一，摆脱"疤痕体质"，不再自我伤害

潘倩茹是某公司企划部的办事员，虽然已经年过三十，但是她拥有白皙的皮肤、健美的身材和清秀的五官，所以在她的身上丝毫看不出岁月留下的痕迹。由于她是公司中少数的单身美女，所以男同事们经常主动向她献殷勤，并表露自己的心思。可是无论对方拥有再高的职位、再好的家庭条件，潘倩茹都婉言谢绝，一点机会也不留给对方。大家都认为潘倩茹仗着自己的好身材、好相貌，眼睛长在头顶上，谁都看不上，然而真实的情况却是这样的：

潘倩茹也曾是一个渴望爱情的女孩。22岁那年，她交了第一个男朋友，但是两年后男友的背叛深深地伤害了她，她足足用了一年多时间才走出失恋的阴霾。26岁那年，潘倩茹遇到了一位公司高管，一个对她像蜜糖一样呵护有加的男人。可惜好景不长，这位公司高管的老婆找到了潘倩茹，说早在5年前他们就已经结婚了！听到这番话后，潘倩茹如同遭到雷击一样，整个人瞬间崩溃。打那以后起，她对男人不抱有任何信任，更对爱情不再抱有任何渴望。

在生活中，每个人都有过被伤害的经历。只是随着时间的流逝，这些伤口慢慢愈合，变成伤疤，有的人能够通过自身的力量消退这些疤痕，甚至使它们愈合得天衣无缝；而有的人却把这道伤痕永远地刻在了心里，一想到它，就会让自己再痛一次，伤心难过。

在心理学界，人们称这种内心伤痕累累的人为"疤痕体质"。其具体表现为虽然伤口已经愈合，但表面疤痕的面积会逐渐增大，并且时常伴有局部疼痛，对工作和生活产生极大的影响。人生在世，我们不免都会遇到受伤、流血的情况，所以我们必须学会以最短的时间为自己疗伤，尽快让伤口痊愈，甚至恢复如初。千万不要让伤口在心中无限蔓延，把自己变成伤害自己的杀手。

其实，我们自己的身体就是心理的一面镜子，每个人都可以是自己的朋友，也可能变成伤害自己的杀手。如果一个人将硫酸泼到你的脸上，那么硫酸首先就会作用于你的身体，然后才会传递到心中，引起内心的憎恶与怨恨。但是，如果你突然遭遇爱人的背叛，甚至被恶言恶语攻击，那么你的心中就会充斥着满满的愤怒与伤痛，这恐怕比被泼硫酸还要难受吧。所以在很多时候，我们的身体可以受心理支配，却不能反过来控制心理。因此，如果心态消极向下、没有充满正能量，那么健康的身体谁也保不住。

世间万物都具有两面性，伤害也不例外。一方面，伤害会造成我们心痛、难过、哭泣；另一方面，伤害也会使我们的自我防御能力得到提高，自身免疫力得到增强。所以受伤后的我们应当多看向好的一面，学会让伤口因心灵的力量和积极的思想尽快愈合，摆脱精神世界的"疤痕体质"，不再做伤害自己的杀手。

第二，关注日常小事，生活更加健康

在生活中，我们很少注意到那些细小零碎、微不足道的小事。但是，我们的健康却每天都在受到这些小事的危害！下面就让我们一起来探寻一下这些

不经意间犯的错误，以及应对它们的合理方法：

1.热水澡不宜在睡前洗

很多人都喜欢在睡前洗个热水澡，但这会升高人的体温。而过高的体温则会抑制大脑褪黑色素的分泌，严重影响睡眠质量。因此，我们应该在睡前90分钟洗澡。这样等到准备睡觉的时候，体温已经基本恢复到正常温度，我们便能够轻松入梦。

2.健身宜在空气流通性好的地方进行

人们通常喜欢在健身房里运动，但这空间中常常充斥着别人排出的废气、汗液和毒素等，如果再加上房间环境相对封闭，那么我们就会在运动中不经意地吸入这些不良物质，这样不仅达不到强身健体的作用，反而还会有害健康。所以，运动的最好场所就是户外，但如果非要在健身房中进行锻炼，那么一定要选择空气流通性好的地方。

3.切勿过量饮水

水是生命之源，如果人体缺少水分就会引发各种疾病，甚至危害生命。然而过量地饮水也会导致身体健康发出危险的信号！曾有医生表示："人体各器官之间处于一个平衡状态，肾脏每小时的排水量只有800~1000毫升。如果我们在一小时内的饮水超过1000毫升，那么就会出现低钠血症。"因此，喝水并不重于量，而是应该适量饮用。

4.不要过于依赖香烟、咖啡

人们经常在感到身体疲劳时选择抽烟或是喝咖啡，但这容易使人出现心悸、心慌等症状，所以为了我们的健康着想，应该降低对香烟和咖啡的依赖。

5.入住"新屋"前一定要消毒

如果你是租房一族，那么请一定注意，二手房或多手房都会传播疾病！因为大多数房主在将房屋出租之前，都不会对屋内的设施进行全面的杀菌消毒。

这样的话，常温下多种有害物质都会滋生，如螨虫、流感病毒、乙肝病毒、霉菌等，侵害租客们的身体健康。因此，在搬入"新家"前，一定要在房间内进行一次全方位的除菌消毒工作。

除了上述需要注意的事情之外，还有很多小事值得我们关注。比如不能在服药期间饮酒，不要在饭后立即吃水果，不要在床头边放置手机……只有关注生活中不经意的小事，改正不良习惯及错误，才是一个真正的聪明的健康者。

方法 6

坚持"轻瑜伽"

第一，放松髋部肌肉

由于家中空间较为开阔，而且不会受到外界嘈杂的干扰，因此可以在家中进行瑜伽运动，或是冥想，或是大幅度地伸展，这可以使我们的心情变得平和、情绪变得稳定。在充满轻柔的音乐，再加上使用香薰的房间里进行冥想，能够沉淀心灵，缓解一天的压力与紧张。

同时，我们也可以利用睡眠前的一小段时间，借由舒展四肢起到放松的作用。但是值得注意的是，太过松软的床铺是不适合用来练习瑜伽的，所以建议在地板上进行，但一定要铺上瑜伽垫或毛毯，避免膝盖受伤，以及影响动作的准确性，从而无法达到瑜伽所带来的正面效果。

由于我们的坐姿长期保持不正确的姿势，所以无论是双腿并拢还是跷二郎腿，都极易造成髋部前侧的肌肉紧缩，严重影响体态。而髋关节又正是瑜

伽体位练习的中心，如果对于这个部位的问题不多加注意的话，极易造成脊椎、膝盖甚至全身的损伤，从而引发疼痛。下面就为大家介绍几种简单的方法以放松这个部位的肌肉。

1.伸展双臂

步骤：双膝跪地，以双手支撑，左腿置于右腿前方，双脚交叉在后，朝下坐，使身躯位于脚跟之间，背与地面呈垂直状态。左腿往回收，双手自然垂直放于身体两侧，左肘向后弯曲，右手臂举起放置背后，手指在背后相扣，保持身体平衡，双眼向前看。如果手指无法相扣，尽量触碰到亦可。

2.双膝盘坐

步骤：在瑜伽垫上挺直上半身坐立，调整坐骨位置，伸直左腿，弯曲右腿使脚底靠近左侧大腿内侧，双手自然垂直放于身体两侧，将伸直的左腿向身体内部弯曲，以手辅助将左小腿放到右小腿上，双手轻放在膝盖之上。如果双腿无法盘坐，那么以轻松交叉的姿势坐立亦可。

第二，舒缓肩颈肌肉

由于长时间坐在桌前与电脑为伍，所以上班族在不知不觉中形成了驼背、肩膀酸痛等问题。而长时间弯腰写字的姿势，也极易造成上背部、肩部、颈部以及背部内外侧径的肌肉酸痛，从而使脊椎形成弯曲状态。但是每当肩颈觉得紧绷时，只要花上5分钟的时间进行运动，就可以立刻得到舒缓。

除了少数肩关节受伤者需要在练习的时候采取正确的坐姿，大家可以在练习时留下适当的空间，彻底伸展脊椎，打开肩膀保持两边高度一致，并尽量灵活地张开手指头。建议在进行这些伸展动作时先从右侧的身体开始练习，呼吸保持平顺，每个动作单边维持30秒之后再换边练习，这样有利于改善上班族受脊椎压迫的不适现象。所以为了消除肩颈紧张的现象，发挥肌肉原有的功能，增加肺活量，提高呼吸品质，澄清思绪，提升工作效率，让我们从头部开始伸展脊椎，使肩颈回到正确的位置上。

1.扩胸式

步骤：坐在椅子前部 1/3 处，并拢双脚，挺直后背，深呼吸，掌心向前，慢慢抬起双手，扶在脑后，肘关节向两侧尽量打开，吸气，抬头挺胸，然后慢慢地向后弯腰，保持深呼吸 5 次的时间，还原，放下手臂。向后弯腰的时候，两肘同时尽量向后伸展。

功效：解除疲劳、防止驼背、预防坐骨神经痛。

2.扭转式

步骤：坐在椅子前部 1/2 处，吸气向右侧扭转身体，双手抓住椅背，向上伸展脊背，放松臀部，保持深呼吸 5 次的时间，吸气，回到原位，继续向反方向进行一次。身体扭转时，双脚维持原来的姿势保持不动。

功效：活动脊椎、按摩腹部内脏。

方法 7

有规律地进行松弛练习

身体的自然松弛反应是消除压力的有效方法。深呼吸、渐进性肌肉放松、冥想、瑜伽等都是松弛的技巧，有利于刺激松弛反应。如果有规律地练习，那么你每天的压力水平就会降低，更重要的是，它们也具有保护的性质，教会你如何保持内心平静，冷静面对如曲线球般的生活。

第一，松弛反应

每当我们面对压力事件，我们的身体就会在不知不觉中发生一系列激素

及生物化学的变化。这种自动压力反应，也被称为"战斗或逃跑"反应，因为在这种状态下，我们会出现心跳加速、呼吸变浅、肌肉紧张、消化及免疫系统暂时关闭等现象，这表明身体已经自动调到警报模式。虽然这种压力反应在真正紧急的情况下会有所帮助，但如果频繁激活它，身心就会长期处于紧张的状态。

其实我们每个人都没有避免所有压力的能力，但是只要学会如何唤起松弛反应，就能产生一种与压力反应相反的深度休息，从而消除压力。松弛反应能够使你的身体系统恢复平衡，压力激素得到减少，肌肉及器官得以舒缓，大脑血液流动快速增加。

松弛反应被激活的状态：心跳减慢、呼吸舒缓而深沉、血压下降或稳定、肌肉松弛。

另外，通过研究它的平静身体作用我们得出，松弛反应也有助于人们增强能量，集中注意力，对抗疾病，减缓疼痛，提高问题的解决能力，促进生产力的发展。而且最好的是，人人皆可获益。

第二，松弛技巧

我们可以通过许多松弛技巧轻松获得松弛反应。深呼吸、渐进性肌肉放松、冥想、瑜伽、太极等松弛技巧的减压益处已被广泛研究。

其实这些基本的松弛技巧学起来并不难，难的是需要每天练习以真正驾御这种减压的能力。多数压力专家建议我们每天至少做10至20分钟的松弛练习。如果你想减少更多的压力，就把练习时间定在30分钟至1小时。

不过一定要记住，没有哪个单独的松弛技巧会达到最好的效果。坚持有规律地练习，许多技巧都会有效，因此，选择与你产生共鸣、与你的生活方式最适合的一种或多种松弛技巧。

方法 8

每天进行减压练习

消除压力最好的方法,就是每天进行减压练习,并将其纳入日常作息中。规定一个明确的时间,每天进行一两次松弛练习。如果早上起床后做的第一件事就是练习的话,那么你可能就会发现其实坚持下来十分容易。

第一,松弛练习的必要条件

僻静的环境——无论是在家里、办公室、工作间,还是在花园、户外,选择一个相对隐蔽的地方,使你自己可以放松、不被分心或打扰。

舒适的姿势——要让自己处于一个舒适的姿势,但避免躺着,因为你很可能就会睡着。不论坐在椅子上或是地上,都一定要挺直脊柱。当然你也可以选择盘腿,或莲花坐。

特定的集中点——选择一个对你来说意义重大的词或短语,并在整个练习中不断重复念出。你也可以集中注意你周围的某个特定物体,或者,闭着眼睛。

积极的态度——无论是经过心里的转移思想,还是完成得好坏与否,都不要担心。倘若在松弛练习中思想闯入,不要抵抗,而是应该将注意力重新转回原本特定的集中点上。

你可以坚持这种简单的松弛练习,也可以扩展到其他的松弛技巧。但是一定要切记,传统松弛技巧只是有效减压的方式之一。我们应该多多尝试任何一种安静减压法,比如与大自然相处,跟朋友聊天,听喜欢的音乐,梳个

好看的发型，写一篇日记，等等。

第二，深呼吸减压法

如果你喜欢探究松弛技巧，那么深呼吸是一个良好开端，因为它在许多松弛练习中都有运用，包括瑜伽、冥想等。深呼吸不仅会用肺，还会用腹，或横膈膜。而且另一方面，深呼吸还会通过胸腔及肺促进氧气完全交换。

但是日常生活中的我们，多数人都不用横膈膜深呼吸，而是用上胸腔浅呼吸。所以遇到压力的我们，呼吸就会变得更浅。由于浅呼吸限制了氧气吸入量，所以我们就会变得更紧张，呼吸更急促、心情更焦虑。

当你用胸腔呼吸时，你只吸入约一茶杯的氧。而当你用腹部呼吸时，你吸入约 1.136 升氧。由于吸入的氧越多越好，所以你应该用腹部呼吸。

而且你的呼吸方式也会影响到你的神经功能系统。你的大脑会因胸腔呼吸产生更短、更活跃的脑波，因腹部呼吸产生更长、更安宁的脑波。而这些长而安宁的脑波与松弛且平静时产生的脑波十分相似。因此，腹部呼吸有助于你更快放松。

随着注意力的完全集中，横膈膜深呼吸的能力越来越强，深呼吸会有助于你控制压力水平。所以下次当你觉得心情焦躁时，不妨尝试一分钟缓慢而深沉的呼吸。

舒适地坐着，挺直背部，双手分别放在胸口和腹部上。

使用鼻子吸气。这时放在腹部上的手应该升起，而胸口上的手应该只有些许的变动。

使用嘴巴呼气，当收腹部时，尽可能多地排除体内废气。这时双手的变动情况应该与吸气时相同。

继续使用鼻子吸气、嘴巴呼气。吸气时尽量吸足，使你的下腹部升起、落下。而呼气时则慢慢在心中数数。

如果你在坐立时感到用腹部呼吸困难，那么平躺在地上，放一本小书于腹部，尽量呼吸，使书在吸气时升起，呼气时落下。呼吸技巧没有地点限制，在任何地方都可以完成，同时还可结合一些其他的松弛练习，如香薰按摩及音乐等。你真正需要的其实就是几分钟的时间，及一个可以舒展的地方。

第三，渐进性肌肉放松减压法

渐进性肌肉放松是另一个行之有效且被广泛运用的减压方法。它由一个两节拍运动组成，并且对于身体不同肌肉组能够有系统地拉紧及放松。

随着有规律练习的进行，渐进性肌肉放松以其特有的放松方式，带给你感觉像身体不同部分般的亲密的熟悉感。该感觉有助于你发现及消除压力的第一征兆——肌肉紧张。随着你身体的放松，你的心自然也会放松。而且你还可以将深呼吸与渐进性肌肉放松有效地结合起来，作为减压的新方式。

渐进性肌肉放松练习者从脚开始，直到脸。顺序是：先右后左，分别是脚、小腿、大腿，然后是臀部、腹部、胸部、背部、右臂及手、左臂及手、脖子及肩膀，最后是脸。

步骤为：先解开衣服，脱掉鞋，以便感觉更加舒服；然后以缓慢而又深沉的呼吸方式，吸进、呼出，来放松自己；当你放松后，准备开始，把你的注意力转移到右脚上，并用一小段时间关注其感觉方式；慢慢拉紧右脚肌肉，尽力挤压，坚持10个数；放松右脚。注意其在紧张消失后、变得柔软及松懈时的感觉方式；保持一小会儿这种松弛状态，同时深沉缓慢地呼吸；当准备好后，将注意力转移到左脚。以同样的肌肉拉紧及放松次序进行。

第四，减压练习的作用

如果你正试图舒缓生活中的压力，并将减压练习纳入你的日常作息中，那么你可以从一周3次，每次15分钟开始练习。但为了得到最佳的减压效果，可以尝试慢慢增进到一次30分钟。

减压练习的几种作用：

容许自身释放出压力及被压制的挫折；增加脑内啡分泌，产生"感觉好"的心态，从而避开沮丧的大脑化学反应；减少压力激素的分泌；有助于良好的睡眠；放松肌肉，降低睡眠脉冲率；使自己感觉良好。

咨询一下医生，让他向你推荐一种适合你的练习，特别是如果你已经超过 35 岁。如果你有心脏病、高血压，或骨关节病等疾病，那你应该询问相关医生的建议。

虽然任何形式的身体活动都有助于消除压力，但是某些活动不仅可以起到舒缓肌肉紧张的作用，更能激活松弛反应。瑜伽、太极、气功，及重复性练习都是这种活动。

第九章

静坐冥想减压法
——清心寡欲少压力

当今社会,竞争激烈,人们为了名利物质,拼得没日没夜。然而即使最终得到了这一切,但代价却是失去了健康的身体和积极的心态,这岂不是本末倒置?所以,无论身处何境,都要保持清心寡欲的状态,怀有淡然的心态,可以通过静思冥想,回归最无忧无虑的生活。

方法 1

读好书，减烦恼

每天都在忙忙忙、烦烦烦的状态下度过的现代人，有的人已经几乎没有多余的时间看书陶冶心灵了。对于他们来说，书只不过是一个单纯的实用工具而已，看过就可以扔掉。

可事实真的是这样吗？其实不然，阅读既可以开发增加我们的智慧，又能够替我们排忧解难。所以，当我们因忧愁、愤怒或是烦躁而感到困扰时，可以通过读书舒缓抑郁、烦恼和暴躁的情绪，使心境恢复恬静乐观。

我们的情操会因阅读一本好书而得到陶冶。英国哲学家培根就曾说过："读书使人明智，读诗使人灵秀。"同样，东晋大诗人陶渊明也曾说过他读书时"每有会意，便欣然忘食"。这些无不说明了读书可以调节情感，消除烦恼，舒缓抑郁，也可陶冶思想，发掘智慧，净化心灵，排除杂念，开阔胸襟。

一本好书，就像是一位可以疏导心理的医师，或是一位拥有高尚情操的导师。所以，当你阅读它时，很快便能进入一种忘我的境界，心中的烦闷也会随之不见踪影。

西汉时期，刘向就曾提出："书犹药也，善读之可以医愚。"这里的医"愚"，就是指启蒙心智、增长见闻。一个人拥有越高的智慧、越广的见识，就会看得越远、想得越开。心胸变得宽阔，不再患得患失，就能够排解日常生活中的各种烦恼忧愁，保持健康向上的心态，从而达到治病强身的效果。

读书还能够提高修养、转变性情、净化心灵。对于文章里的人情世故、善恶美丑，如果我们可以认真阅读、深入思考、细心观察、慢慢品味，就能学会弃恶从善、辨伪识真，从而提升自身的品质、素质和内涵。

不仅如此，读书还有助于养心。因为人们在阅读时，大脑的视觉中枢会接收由视神经传来的眼睛所看到的内容，这样全身的组织细胞就会产生良好的共振现象。此时，人体拥有更加整齐的生物节律，能够激发更多的生物潜能，也会使生理机能处于最佳状态。

但是阅读为什么能够调节身心、缓解压力呢？原来人首先从大脑开始衰老，而阅读恰好能够充分活动大脑，如同在做大脑保健操，完好地保养着脑细胞，使之维持长久旺盛的活力，进而让全身各部位在大脑灵活自如的指挥下进行正常的工作。

忙碌的你，如果每天都能挤出一些时间看书，那么你的心灵一定会从中得到净化。书是一个宿营地，它能够使你的灵魂得到安放，梦想得以放飞；书又是一个百草园，它能够使你的精神得到医治，创伤得以愈合。

那么，人们究竟如何在百忙之中安排好自己的读书计划呢？

1.放几本幽默笑话书在洗手间内，坐在马桶上看笑话，可谓是别有一番滋味。

2.放几本食谱类图书在厨房里，如《家有妙招》、《一碗好汤》、《食物是最好的药》等都是不错的选择。每天做饭时，看一看，学做些有营养、有特色的饭菜，坚持下去，我们就会发现生活原来如此美好。

3.放一些类似于《汽车之家》、《瑞丽》、《上海服饰》、《大都市》这样的休闲类图书、杂志在客厅中。每天下班回到家，在闲暇时翻阅一下，也是一种不错的放松休闲方式。

4.放两本书在床头上，可以是诗歌类、杂文小品类，也可以是心理解压类、养生类、旅游类等。当然正在流行的小说也是可以的，不过切记不要看

太多页，从而影响了自己的正常休息。

5.在书房中放置各种各样的图书，不受种类限制，经营管理、励志故事、心理测试、名人传记、文史读物、科技小品、报刊杂志等可以成为其中一员。

所以为了让自己的身心更加健康，静下心来阅读吧！不论是读一首激扬向上的好诗，还是一本振奋人心的传记，抑或是一些感悟人生的小品文，你都会感觉到心中的乌云一瞬间消逝、阳光普照；生命受到滋润，精神饱满，神采奕奕。

方法2
走进大自然，聆听美妙的安静之音

吕芳，31岁，现就职于北京的一家报社。原本前段时间还兴高采烈的她，突然一下子开始变得烦躁不安。

高兴的是，她和丈夫省吃俭用多年，终于在前段时间住进了属于自己的新房。可是烦恼也随之而来，因为她晚睡晚起的生活作息与邻居发生了极大的冲突。每天她都会在睡得最香的时候被隔壁一大早就开始的装修声吵醒，而这噪声令她烦躁不安，有时还会不禁大发脾气。

就是在那段时间，她强烈地渴望着安静。她说："每天听着隔壁刺耳的装修声，我突然发现原来安静才是最美妙动听的音乐。"

虽然这也许只是一次偶然事件，但却道出了现代人的心声：渴望安静。在都市中生活的我们，每天都会听到各种乱七八糟的声音，如飞机声、汽车声、工地建筑声等，是否早已被折磨得昏头转向？而每天遇到的形形色色、杂乱无章的事情，不管是烦心也好，操心也罢，是否也被搞得眼花耳鸣？

身体是健康的警报器，所以当外在因素干扰、破坏到我们的身体时，它就会发出警报信号，而当我们的大脑接收到这个信号之后，就会向神经系统发出防御或逃离信号。于是，我们的情绪、意识行为就会变得烦躁不安，甚至产生有效的防御措施。

各种因素都会导致人们出现精神疲劳的现象，环境影响也包含其中，如电磁辐射和噪声影响就是普遍的导致不良情绪产生的罪魁祸首之一。都市生活的喧嚣吵闹，常常使人感到心神不宁，甚至莫名地焦躁不安。这样的你是否总是想要回归大自然，感受干净的阳光、纯粹的绿色，还有美妙的声音——安静？

电磁污染是影响我们心情的一个重要因素，当我们在玩电脑、听 MP4、看电视、打电话时，电磁辐射就会与我们形影不离。我们的大脑会因这些干扰信号变得异常繁忙，从而会出现头痛、精神紧张等症状。

所谓噪声，就是指各种不同频率和强度的声波无规律地组合在一起，变化无规律性与非周期性。科学家认为，50 分贝以上的噪音极易引发心脏病。而在嘈杂的餐馆里噪音指数在 55 分贝左右，繁忙的交通路口噪音更是高达 75 分贝。

如果一个人长期生活在充斥着噪音的环境中，那他就会经常产生紧张、忧郁、愤怒、疲劳等情绪，并严重造成精神性紧张焦虑、睡眠障碍及智力下降这三方面影响，其次也对躯体感觉、焦虑心境、胃肠道症状、植物神经功能紊乱造成影响。

对于在大都市中奔波生活的人们来说，安静简直就是一种奢侈品。安静不仅可以放松紧张、混乱的大脑神经，更能够按摩疲惫不堪的身体。当你一

个人沉浸在安静中，不受外界打扰时，也许你会恍然大悟：原来"静"是如此地美好，它扫除了现实中一切的烦躁不安、琐碎紧张。静也是一种大自然馈赠给人类的美妙音乐，虽然方式神秘，但可以缓解我们的压力，尤其当我们被囚禁在生活的嘈杂、混乱、干扰中时，我们的身心会迫切地渴望"静"。那么，我们究竟如何才能享受美妙的安静之音呢？

1.每天 10 分钟，闭上双眼，放松全身心。

2.每周末 30 分钟，沉淀心灵，享受安静。

3.每天临睡前 10 分钟，进行冥想，恢复心态平静。

4.根据自身的实际情况，安排时间，沉浸在大自然的怀抱之中。

如果工作、生活中的不良情绪仍困扰着你，电磁辐射仍包围着你，杂乱的噪声仍影响着你，那就果断一点，暂时放下身边的一切，重回大自然的怀抱，聆听大自然的美妙安静之音。

方法3

催眠疗法，解决心理问题

催眠术有着悠久的历史，但人们却无从而知它究竟始于何时。现代催眠术产生于奥地利的麦斯麦的实践，即麦斯麦将一个金属桶放置在光线幽暗的房间里，并让被治疗者围着金属桶而坐，告诉他们桶内的"磁气"会进入他们的体内，这样进入浅睡眠状态的被治疗者在清醒后普遍感到身心舒畅，一些疼痛或症状也消失不见。

催眠暗示治疗是心理治疗方法中的一种，它通过应用一定的催眠技术使被治疗者进入浅睡眠状态，从而使他的身心状态和行为都接受治疗者积极的暗示控制，身体疾病和心理疾病都得到消除和治愈。但催眠治疗也有成功的必要条件，即被治疗者具有可暗示性、合作态度及积极接受治疗。

催眠疗法分为两种，自然法和间接法。被治疗者通过治疗者简短的言语或轻柔的抚摸进入类似睡眠状态，即是自然法。而被治疗者凝视、倾听一些光亮的物体或单调低沉的声音，或被治疗者以"催眠物"触碰头或四肢，并一直反复暗示其进入浅睡眠状态，即是间接法。在被治疗者进入浅睡眠状态后，依据其病症，治疗者或正面而又肯定地向其指出有关症状一定会消失，或对其进行精神分析，找出病因。治疗结束后，及时唤醒被治疗者或暗示其渐渐苏醒。

催眠疗法主要通过积极的言语暗示，使被治疗者身心得到放松，紧张不安的情绪得以消除，进而提高对应激因素的认知，懂得如何正确地应付应激，重新适应这个社会。催眠疗法的主要适用范围：

1.各种各样的神经症，如神经衰弱、焦虑引发的神经症，抑郁引发的神经症、癔症，强迫引发的神经症，恐怖引发的神经症等。

2.减轻各种身体疾病或症状诱发的疼痛。

3.减缓或消除心理应激，转换情绪，改善睡眠，提高适应社会的能力和增强身体免疫功能。

4.神经系统造成的疾患，如面神经麻痹、偏头痛、失眠做噩梦等。

5.增强记忆力、集中注意力，使学习效率得到有效提高。

6.纠正各种不良习惯，如戒烟、戒酒。

7.改善儿童各种不良行为，如多动、厌食、偏食等。

8.治疗各种生理病痛及问题，如痛经、盆底肌松弛、经前期紧张症等。

由此可见，催眠治疗主要适用的范围是神经症及某些身心疾病，但它还

可以作为药物治疗的一种辅助方法，治疗那些患有严重机能性、器质性疾病患者。

随着经济的快速发展和思想观念的转变，人们愈来愈关注心理健康问题。特别是近几年，由于工作的节奏越来越快，不少人都出现了应对能力障碍，产生了心理问题，严重影响睡眠质量，危害身心健康。而催眠疗法可以有效地使现代人的压力得到缓解。

心理健康问题威胁着大部分的现代人，如孤独、暴躁、自卑、抑郁、酗酒等。如何使心理保持健康、人格更加健全和心态愈发成熟，将成为我们每个人都必须面对的问题，同时这也是社会必须面对的问题。

催眠疗法可以让一个人的身心进入一种理想境界。继 spa、瑜伽等传统的减压方法之后，催眠疗法日益受到人们的青睐，如今这种全新的减压方法已逐渐成为人们的新宠。

现在，各大领域都充分地利用着催眠疗法，如心理治疗、医学、经管、销售等，而它也被公认为是心理治疗中最有效的治疗方法之一。很多的医师和心理学工作者都争相学习研究催眠疗法这一学科。

日常生活中，我们每个人都可以通过建立催眠疗法中的自我催眠训练计划，以舒缓自己的身心压力。不过在这之前我们必须先想清楚自己对自我催眠训练抱有怎样的期望，以及希望达到什么样的目标。因为只有这样，自我催眠的训练计划才会达到理想的效果。

在建立自我催眠训练计划时，我们必须要认真掌握其中的要诀和关键细节，一是地点，最好选择在光线较暗且环境安静的房间中进行练习。二是姿势，自我催眠时要全身放松地靠在沙发上或躺椅上，不宜穿过紧的服装，摘下有碍于全身放松的饰品，如眼镜、领带、手表、项链、耳环、戒指等。三是呼吸，建议使用深腹式呼吸法。

自我催眠法分为初级、中级和高级三个级别，其要点分别如下：

1.初级自我催眠法

闭上双眼、调整呼吸后进入浅眠状态，然后进行自我暗示，使手指到手腕再到肩膀都处于一种被动听命的状态。然后继续暗示自己，轻松舒展腿部到脚趾的肌肉，维持松弛的状态。想象自己此时正坐在洒满阳光的公园里，或是微风徐徐的海滩上。

2.中级自我催眠法

与训练初级自我催眠大体相同，场所和催眠姿势不变，先使用意念呼吸法呼吸大约3分钟，然后转换为深腹式呼吸法。这时搓热双手，按摩一下脸部和头部，准备进入冥想状态，同时进行自我暗示，如想象自己手腕变得非常轻，浮在水中；身体像羽毛一样在空中飘浮。

3.高级自我催眠法

该疗法适用于消除由于情绪低落、压力过大所引起的各方面不适感，激发潜能或进行心理治疗。最好选在环境安静、充满阳光的房间里进行，自由掌控身体的姿势，呼吸由空气能源呼吸法逐渐转换为深腹式呼吸法。想象着自己的眼前和四周有一片云雾，太阳一开始时在云雾的上空，比较朦胧，待云雾逐渐散去后，太阳重新绽放出灿烂、幸福的光芒。

自我催眠，是让自己以旁观者的身份重新看待压力，所以压力感就会慢慢消失。当我们学会进行自我催眠后，就可以通过它来舒缓工作、生活中的各种心理困扰，如压抑、紧张、恐惧、抑郁、强迫等不良情绪。

雅莉是一名保险销售员，也是同行中的佼佼者。年仅28岁的她就已经完成了自己的人生目标：房子、高收入和有前途的职业及职位。没想到平时总给人留下信心十足印象的她，也会有害怕的时候。

每次在讨论中必须起立发言，或是与客户谈判时，她都会紧张到冒汗，尽管她在平时的工作中也经常面临这些窘境。不过，这些变化并没有引起别人的注意，就连她丈夫也全然不知。然而，这种感觉已把她折磨得身心疲惫，甚至耗尽了她对工作的兴趣与热情。

在这种状况下，她接受了催眠疗法，并开始进行自我催眠。首先，她学会了如何放松自己并进入一种浅睡眠状态。她的做法是这样的：坐在一个安静的房间里，将身体陷入沙发中，双眼盯住一个定点坚持5分钟。在相应的自我暗示下，手上会渐渐产生冷和轻松的感觉，一段时间过后，手就会自动地稍稍向上抬，25分钟后，自我催眠的过程就结束了。

这种方法在催眠术中被称为手悬浮，是人们自由地想象某些身体反应并放任其自行发生，并不是有意识地强迫。这是一种非常有效的缓解自我压力的方法。

当我们产生不良情绪，如感到紧张、焦躁、恐惧时，尝试用相反的情绪去暗示自己，并尽可能让自己的意念摇摆于这两种不同的情绪之间。我们在那里一动不动安静地坐着，却可以感觉到从毛孔中渐渐渗出的不良情绪已被我们缓缓排出体外。

借助催眠疗法，我们可以渐渐放松压力下的心情，而一直困扰着我们的问题的解决新方案也会在放松后的想象中不断涌现出来，这会使我们免于问题对自己的侵扰，或充满自信地解决问题。

想必此时的你一定已经对浅睡眠状态产生了一种莫名的好感。但浅睡眠状态不受我们的注意力控制，是一种将人的感觉和自身行为的一部分从意识中分离出去，从而进入一种无意识状态的体验。如同当我们在看一部扣人心弦的电影或是在读一本引人入胜的书时，身心常常处于一种"心不在焉"的状态中，在这期间，我们忘记了时间的流逝，那些不舒服的姿势，甚至还有周围发生的一切。所以在进行自我催眠时，最好控制在自我的范围之内，并在有保护的状态下进行。

在自我催眠法中，我们自己身兼两职，既是被催眠者，也是催眠者本身。所以总是主动的自己很难维持被催眠所需要的被动态度。为了使自己更好地掌握自我催眠法，刚开始时我们可以请他人代施催眠法。

在进行自我催眠解压时，要想提高自我的催眠质量，就必须掌握以下的这些技巧：

1.自我催眠时，姿势无所谓，坐着、躺着都可以，但一定要调整舒适，保持全身放松，脊椎正直。

2.自我催眠时，在心中默念："从现在开始，我会每隔5秒钟数一个数字，而我的身体和心灵也会随着每个数字的增加变得更加放松、更加宁静，当我数到20的时候，我就会进入浅睡眠状态。"

3.说完，保持着心里的灵敏和警觉性，开始有规律地数数，记住要清晰地数出每个数字，仿佛要将它们都沉浸于更深的意识状态。当你数到20，就已经处于中度睡眠状态了。

另外，在进行自我催眠时，以下4点也是必须要注意的：

1.必须事先彻底掌握催眠觉醒的方法。

2.必须适度选择催眠的地点、时间和次数。

3.自我催眠者必须心无杂念（催眠中的自我暗示内容除外）。

4.必须在发生意外事故时可以自然觉醒。身体出现任何不适时，必须事先和暗示指导者取得联系，防患于未然。

与自我放松训练和休息一样，自我催眠能使人镇静下来，并能避免某些压力导致的激素反应。同时还可以集中我们的注意力，使变化更加自然。所

以自我催眠状态有助于我们远离惊慌和无能为力。因此，它也成为一种优化日常生活形式的理想手段。

方法4

正确运用冥想，为心灵解压

冥想是自我催眠的另一种形式，是一种通过处于深度的宁静状态而放松身心的好方法之一，而当我们处于正确的冥想中时，也会有效地改变自我的意识形式。冥想中的我们，必须要集中注意力，调整呼吸，同时也可以利用一些瑜伽式的身体姿势，这样才会尽量避免受到外部刺激，从而使内心产生某种特定的表象，或呈现放空状态。

但是冥想，并不仅仅只是放松身心这么简单。它是有意识地使人集中注意力于某一点或某一想法上，并通过长时间的反复练习，提高大脑的意识，最终形成天人合一的状态。

实验证明，当一个人处于冥想状态时，脑波会呈现出有规律的α波。从脑电波的观察中我们可以看出，当紧张或烦闷之感产生时，β波就频繁出现，而这就是生活环境病、各种精神性疾病产生的原因之一。

我们的左脑会因冥想而平静下来，此时脑波便会自然地呈现为α波，同时也会使人们产生源源不断的想象力、创造力与灵感，大幅度提高对于事物的判断力和理解力，从而使身心更加安定、愉悦、心旷神怡。

那么，我们究竟应该如何正确运用冥想来为自己的心灵解压呢？下面就为大家介绍几种简单的冥想方法。

1.呼吸冥想法

具体做法：将意识集中在呼吸上，关注自己的呼吸方式，感觉用鼻孔呼吸，想象自己吸入的都是精力，而呼出全是压力，并且尽量使呼吸深长而缓慢。在刚开始练习的时候，可能会出现很多不同的想法，但不要试图让它们停止，任它们在内心中流过，然后再次集中注意力在呼吸上。

2.默念冥想法

具体做法：静坐下来，深呼吸，同时集中注意力在内心语言上，并在心中缓慢地重复默念。如果不小心走神了，只要慢慢将思绪重新拉回来即可。而当你想要停止冥想时，就让自己慢慢清醒过来，重回现实。

3.蜡烛冥想法

具体做法：点燃一根蜡烛，然后相对而坐，将自己的注意力和目光全部集中在蜡烛的火苗上，凝视它，并观察火苗的移动以及焰心的颜色，注意目光最好与烛光平齐。如果走神了，或者思维开始涣散时，就重新将思绪慢慢拉回到火苗上。

4.意念冥想法

具体做法：待在安静的地方，自由地想象着如海边、森林、草原等美丽的景象。不仅仅要用眼睛看，更要用耳朵听，用鼻子闻，使自己如同身临其境，全身心地感受一切。在那里，我们可以慰藉自己受伤的心灵，释放所有的压力和紧张，使自己的身体变得更加轻盈、柔软、平和和温暖。

其实，我们每个人都可以利用冥想的方式创造奇迹，而同时冥想也有助于身心健康，如可以解决各种精神问题，诸如压力、焦虑、忧郁以及过度敏感等问题，也可以增强记忆力、提高反应能力，使思维趋于清晰冷静，收获内心的安宁和快乐等。因此，当我们感到压力过大时，就开始冥想吧。

可以依照下面几个方法进行练习：

首先，要留心冥想。培养留心有助于减轻各种负面情绪，诸如压力、焦虑、沮丧等。留心的性质是完全投身于当下，不用"过度思考"。而它的目标则是发扬非判断、随时觉察你正在体验的事情。当你的心犹豫不决或飘忽不定时，需要努力地保持专心重回当下。而这也正可以改变你注意力的运动方向，促进学习及成长。

随着练习留心冥想，你会敏锐地觉察到情绪的变动，从而不被它们影响，或是任消极性主宰。你可以尝试下列留心冥想为身体减压：

身体扫描——通过集中注意力于身体的各个部位来培养留心。如进行渐进性肌肉放松，从脚开始，慢慢往上走，单纯地关注身体每个部位，不贴上任何感觉标签。

步行冥想——冥想不一定是坐着或静止的。在步行冥想中，留心每走一步身体的感受，诸如脚掌碰触地面的感觉，呼吸的节奏，或是微风拂面的触觉。

留心膳食——当你感到压力过大时，请注意留心膳食。坐在餐桌前，将全部的注意力都集中在膳食上（不看电视、报纸，或边走边吃），慢慢品尝，全神贯注地享受每一口美食。

其次，利用引导图。引导图是传统冥想的发展变形，作为一种松弛技巧，它包括想象一个情景，可以令你感到安宁、自由，并消除所有的紧张及焦虑。不论是热闹的海滩、充满回忆的童年场所，或是僻静的森林峡谷，选择一个最易使你平静的情景，或自己、或依靠治疗师的帮助、或使用录音练习。

闭上双眼，渐渐远离你的烦恼。尽量身临其境般地想象那个安宁的地方。假如你选择一个静谧的湖边码头作为想象的情景，那么就在脑海中想象着它日落时的样子，树林的味道，大雁飞过的声音，乡村特有的空气清新的味道，以及双脚浸泡在冷水中的感觉。

最后，反复祈祷。当我们想象冥想时，第一个浮现在脑海中的便是与之相接近的形象，除此之外，像是重复玫瑰园等反复祈祷，都可以放松身心。此外，如果有一个对你意义重大的词或短语可以集中你的注意力，那你就会更有动力保持冥想练习。

方法 5

荷尔蒙会不会影响情绪

每个人的情绪字典里，都有着成千上百个词汇用来形容生活中的各种状况。我们用快乐、幸福、欢欣等所有甜蜜的词语形容自己的恋爱状态；用绝望、伤心、郁闷等诸多痛苦的字眼儿表示自己处于失恋的状态。但你知道这些情感都是从何而来的吗？科学显示，荷尔蒙不仅是调节内分泌的激素，更严重影响着人类的情绪。所以，为了减少被消极负面的情绪所影响，增加怀抱快乐情绪的机会，我们必须要了解荷尔蒙。只有对它了如指掌，我们才能控制自身情绪，让幸福快乐常伴左右。

1.荷尔蒙是影响情绪的根源

戴尔·卡耐基是一位著名的人际关系大师，他曾说过："成功和快乐的秘诀就是学会控制情绪。"的确，人生中，情绪对我们的影响最为深远。美国密歇根大学的心理学家南迪·内斯通过一项研究发现：普通人的一生中，情绪不佳的时间平均约占 3/10 左右，而这种消极的情绪会严重影响到人体健康。哈佛大学在调查了 1600 名心脏病患者后发现，他们之中患有忧郁症、暴躁症的人数是常人的三倍。因此，人们开始渐渐关注控制情绪及改善消极心态的方

法。不过在这之前，我们应该首先了解情绪的来源。

我们之所以会有这么多复杂的情绪，原因就在于我们大脑中的神经传导介质，即荷尔蒙。在我们大脑众多的神经系统组群中，最重要的当属唤醒系统神经和抑制系统神经两大组群。

多巴胺与去甲肾上腺素是唤醒系统神经所分泌的荷尔蒙，具有唤醒知觉、刺激情感的功能。而抑制系统神经所分泌的荷尔蒙则会控制或限制唤醒系统神经，安抚处于紧绷状态下的人们。所以我们的心智活动会随着荷尔蒙的分泌而被启动。因此，荷尔蒙是人类上百种复杂情绪产生的源头。

我们常常因为忙碌的生活而无暇顾及自己的身体节奏，进而忽视了影响我们情绪的荷尔蒙的存在。但是，这并不会阻碍它的工作，它始终存在于我们体内，掌控一切。

如果一个人的荷尔蒙系统功能完备、健康平衡，那他的抵抗力就会增强，从而身体不易被感染，精神也很少出现疲劳紧张的状况，整个人都保持着平衡顺畅的状态。相反，如果荷尔蒙系统出现问题，那么他的身心就会失衡，也更容易生病。尽管人体内所分泌的荷尔蒙计量单位微乎其微，但是只要稍有偏差，就会严重影响我们的身心健康。因此我们应该更加关注影响我们情绪的荷尔蒙，了解并掌握它的变化规律及产生的影响，从而用自身的力量积极控制与防御不良情绪的产生。

2.荷尔蒙导致情绪善变

前不久，网络上出现了一篇名为《招募经期正常女生玩乐透彩券》的文章，这篇由某著名高校实验室发出的文章引起了无数网友的关注。大家纷纷表示不解，不明白两者之间的关系。高校的实验室负责人向大家解释说："通过这个方式，经期前后女性的情绪状态，以及决策行为上的变化都会更清晰地展现出来。"虽然在2010年这个项目就已经通过了审批，但至今参与人数甚少，不过这仅限于我国，国外早已有机构通过这种方法做研究了。

那么，月经周期真的与女性的情绪、决策和行为之间有着直接或间接的关系吗？这个问题看似荒谬，但是科学家已经证实，这两件看似毫无关联的事情内部确实存在着千丝万缕的关系。

研究发现，处于月经期间的女性，体内荷尔蒙浓度达到最高值，此时的她们常常感到围绕在幸福感与自尊心之中；而经期来临前的女性，由于荷尔蒙浓度的降低，易产生烦躁不安、暴躁易怒、紧张焦虑等多种负面情绪。通过研究女性经期所产生的变化，美国国家精神健康研究院的学者们得出，与黄体期相比，当女性处于卵泡期时决策行为能力会更强。因此，荷尔蒙不仅对女性的情绪与行为决策力有着深远的影响，更会对我们选择购买彩券的时间具有重要的参考意义。

在荷尔蒙的作用下，不分性别，无论男女，每一个人都是善变的。荷尔蒙不仅作用于我们的身体，更影响着我们的情绪，我们的"善变"完全取决于它的变化。所以，为了让自己永远保持健康的心态、年轻的体态，让我们把更多的注意力集中在自身上，让快乐的荷尔蒙得到充分的释放，让无尽的快乐与愉悦永远相随。

3. 做自己真正的主人

荷尔蒙是影响情绪的根源所在，无论生老病死，还是喜怒哀乐，都被它牢牢掌握，但我们却常常对它无可奈何。就这样，我们任由它支配自己或微笑或哭泣。如果一不小心惹它生气了，各种各样的疾病就会扑面而来，使我们的身心处于痛苦之中。然而事实上，身体与心灵都属于我们自己，所以我们不应该让荷尔蒙主宰这一切。

每个人的身体都如同是一座旅馆，里面住着形形色色的"房客"，而荷尔蒙只是其中之一。我们作为旅馆的主人，应该理智地掌握这位房客的脾气秉

性以及生活习惯，然后巧妙地控制住它，使它分泌出更多的快乐物质，进而让我们拥有更加幸福的人生。

人生原本毫无意义可言，是每个人的主观意愿赋予了它不同的意义。而这也促使了目标的产生，从而使我们拥有强大的行动力。作为群居动物的人类不可能单独生存，所以每个人与他人的关系都会是错综复杂的。因此，我们人生目标的确立不能仅满足于自己的欲望，更要兼顾他人的利益。只有当良性的目标确定后，我们体内的荷尔蒙才会发挥出最大功能。而当我们做出相对应的行为举动时，幸福因子就会被释放，从而使我们感到快乐。长此以往，人体的内分泌系统就会保持积极的运作，使我们整个人都处于一种良性循环的状态。

人生最大的痛苦其实并不是废寝忘食、百思不得其解，而是无法真正感受到快乐，并与他人分享。那些得道高僧、专心的研究者之所以能够常保身心愉悦，正是因为他们掌握了荷尔蒙的分泌规律，从而正确诱导和驱动体内的分泌系统。

因此，我们也必须掌握自身荷尔蒙的分泌规律，从而借助它来控制情绪，摆脱荷尔蒙的控制，做自己真正的主人。

方法6

懂得节制，凡事把握分寸

泰戈尔有言："如果我们不加节制自己的习惯，虽然不会在年轻气盛的时候产生什么影响，但是等到了我们年老力衰时，被它逐渐消耗的精力就会和我们算账，并且偿还破产的债务。"因此，只有懂得节制，才会发现并体会到生活点滴中的温暖与快乐，享受轻松的幸福。

1.懂得节制，减少麻烦

无论是对人还是对事，我们都应该讲究适度与节制原则。如果不节制饮食，高血压、高血脂、肥胖症等问题就会找上门来；如果不节制消费，就会造成透支现象；如果不节制学习和工作，身体就会吃不消，甚至还可能造成"过劳死"……所以，人一旦不懂得节制，就会招惹许多意想不到的麻烦。

孟佳妮作为一名刚刚进入职场的护士，工作认真，态度积极。而且她开朗热情，对每一位病人都照顾有加，总是洋溢着纯真甜美的笑容。

一天，孟佳妮独自一人值夜班。突然，一名患者因突发呼吸急促的症状而按响了病房的呼叫铃。由于当值的医生不在，孟佳妮又想让病人尽快脱离险情，于是便自作主张给病人戴上氧气罩，并私自加大氧气流量。当氧气源源不断地输送进病人体内时，他的呼吸变得顺畅，并感激地望着孟佳妮。于是孟佳妮微微一笑，关上门重新回到了护士站。

过了一会儿，孟佳妮又开始跑前跑后地积极配合医生治疗护理一名新入院的急诊病人。安顿好这名病人后，孟佳妮才满头大汗地回到护士站。休息片刻后，她重新来到刚才吸氧的那位病人房间，结果却发现病人已经没了呼吸。闻讯赶来的医生，向孟佳妮了解完情况后确认，病人死于氧气中毒。因为高浓度的氧气堵塞了病人的呼吸中枢，使他失去了自主呼吸的能力，从而悄然离世。

控制、克制是节制的本义，相反放纵、过度就是它的反义。众所周知，人类依靠氧气得以生存，如果缺氧，就会引发各种呼吸系统疾病，甚至还会

有生命危险，但吸氧过量也会导致死亡。所以，无论多么美好、多么需要的东西，我们都必须有节制地享受。纵使孟佳妮非常具有爱心，且真心希望病人能够尽快脱离险境，早日康复，可是她却不懂得节制，最终导致病人的死亡。

爱虽然是这个世界上最受欢迎、最被赞美的东西，但是我们也要坚持适度原则，有所节制地表达。因此，当我们想要奉献爱心、帮助对方时，一定要先提醒自己：懂得节制、讲究分寸，千万不要让爱变成了伤害！

2.凡事贵有度

儒家思想讲究："凡事贵有度。"如果我们无论做任何事情都能够掌握好尺度，那么就会拥有可以独立思考的冷静头脑、稳定缜密的逻辑思维，以及机智灵活的反应能力。久而久之，我们也会变得愈发聪慧机智、自信满满。

从前有一位老禅师下山讲经弘法，当他路过一家古董行，发现里面陈列着的一尊释迦牟尼佛青铜像，它形态逼真、神情安然，深得老禅师的喜欢。于是老禅师就向老板问价，希望能将这尊佛像请回寺中供奉。店铺老板发觉了禅师对这尊佛像的钟爱，便狮子大开口，称低于500两银子不卖。老禅师听后，默默回到了寺院，并和众僧说起此事。然而老禅师却阻止了想要凑钱帮他买回佛像的众弟子，心平气和地说道："这尊佛像只需50两银子足矣，如果你们想要帮我，就按照我说的去做吧。"于是，大家纷纷点头，答应照办。

第一天，一个弟子来到店铺希望以450两银子买下佛像，结果被老板拒绝了。第二天，又一个弟子希望以400两银子买下佛像，结果同样被老板拒绝了。就这样，每天都有一位弟子来到店铺希望买下佛像，但出价却越来越低，到了最后出价仅为20两银子。这时，老禅师亲自来到店铺，表示自己愿意以 50 两银子买下佛像。老板眼看着价格一天比一天低，每天都深深自责于自己的贪婪。如今老禅师以多出 30 两白银的价格购买，他当然立刻点头同意。

最后，老禅师微笑着说道："欲望无边，凡事贵有度，切记要适可而止啊！"听罢，老板幡然醒悟，跪谢老禅师对他的教诲。

从这个故事中我们懂得了，做任何事情都要把握尺度，而这个尺度就是分寸。尤其在面对无边的欲望时，我们更应该学会适可而止，否则就会事与愿违。

3.距离产生美

"距离产生美"原本只是一个美学的著名命题，但经研究发现，它也同样适用于心理学：当一个你不太熟悉的人慢慢靠近你时，你会感到莫名的压力，并有种透不过气来的感觉。同样，当你渐渐靠近一个不太熟悉的人时，那个人也会产生同样的感受，甚至还会下意识地退后几步。这个现象表明，其实我们每个人的心中都有一个安全距离，而随着双方交往的频率与感情深厚的变化，这个距离也会随之发生变化。

当和好朋友相处时，我们会不自觉地缩短心中的安全距离，大家可以做各种亲密的动作，如勾肩搭背、相互拥抱，以此来表达感情的亲昵。相反，当和陌生人越走越近时，我们就会下意识地增长心中的安全距离，甚至还会产生恐惧的思想，揣度这个陌生人是不是坏人，会不会加害于自己。所以，当我们与他人交往时，应当巧妙地掌握并运用这条心理规律，与他人保持适度的距离，从而愉快地交往，使生活更加美好。

其实，我们每个人的心中都有一块专属于自己的私密小天地，不希望被外人看到、了解或是侵犯。所以，即便彼此之间十分熟悉，也要在相处的过

程中懂得适可而止，给彼此留下一些私人空间。只有这样，我们才会相处得轻松愉快。在如今的婚姻生活中，很多夫妻就是因为不懂得适度原则，导致双方缺少自由和空间，从而引发冲突，最终闹到离婚分手的下场。如果夫妻双方在相处的过程中能够懂得适可而止，把握好彼此之间的心理距离，那么生活一定会大有不同。

如果我们能够掌握好这种"发于情，止于礼"的态度，那么就能够在与人相处的过程中，巧妙地控制现场的气氛与局面，让双方愉快自由地交往，进而增进感情，达成共识，享受轻松生活。

方法 7

在良好的睡眠中修心减压

良好的睡眠不仅能够放松我们的身体，更能舒缓我们的心灵，卸下我们一整天的压力和疲劳，消除我们的不悦与愤怒，使我们的心态恢复平和自然，以更加积极饱满的精神迎接灿烂的明天。

1.确保睡眠质量

有一项数据显示：神经内科的患者中，失眠患者占20%左右，而他们当中，竟有高达87%的人同时患有心理疾病。由此可见，失眠对我们的身心健康和日常生活已经造成了严重的危害。如果我们想要在工作中全神贯注、生活里充满活力，那就必须要保证拥有一个良好的睡眠质量，安然度过每一个夜晚。

每个人1/3的人生都是在睡眠中度过的。处于深度睡眠中的人们，不仅能够使身体得到放松和休息，更会调整大脑的状态，使细胞恢复活力。所以，充足的睡眠对人们开展紧张的工作生活和保持积极乐观的状态都有着积极的作用。

为了使人们更加关注睡眠的重要性，提高健康睡眠的意识，国际精神卫生组织和神经科学基金会于2001年发起了一项全球性活动，将"世界睡眠日"定为每年的3月21日。

那么，我们究竟怎样才能提高睡眠的质量呢？其实答案很简单，只要我们拥有健康良好的生活规律，就会在每个夜晚睡得安详。

提高睡眠质量、维持身心健康的关键之一就是遵循正常的人体生理时钟。而体温也是影响睡眠的一大重要因素。人们的情绪与能量会随着体温的升高而逐渐饱满，达到释放的状态，随着体温的降低而产生疲惫、放松、舒适的感觉，进而出现睡意。因此在临睡前，我们应当避免洗热水澡以防止体温再次升高，精神重新恢复；也尽量不要食用易对人体产生刺激的食品，如咖啡、巧克力、可乐、茶等，以防止我们情绪亢奋，不易入睡。

另外，噪音也是影响睡眠质量的原因之一。因此以防遭到突如其来的巨响和噪音的干扰，我们必须在临睡前检查好门窗的密封性。如果你容易失眠的话，那么等到睡意来袭时再爬上床。因为过早地上床会使你产生无端的压力感，更不易入睡。所以在这个时候，晚睡反而更能提高睡眠质量。

除此之外，我们也应该注意其他影响睡眠质量的生活细节。诸如不要过晚吃晚餐，同时也不要吃得过饱；睡前不宜过多喝水；尽量在睡前进行如散步这样的平和运动。

2.告别噩梦的侵扰

我们每天晚上都会做梦。而梦一般分为两种：美梦和噩梦。美梦对于我们的身心可谓有百利而无一害，不仅能够缓解身体的疲乏之感，更能排解心

中的压力，带来无尽的想象和快乐，让我们在虚拟的世界里幸福满满。与此相反，噩梦简直是百害无利，我们总是在恐怖的梦境中惊醒，并因此狼狈不堪，伴有心跳过快、大汗淋漓等症状。

许多近代的自然学家、心理学家和医学家都在苦心研究和探索噩梦与征兆、疾病之间的关系，但至今未果。不管结论怎样，噩梦肯定是没有益处的。它不仅影响了我们的睡眠质量，更破坏了我们的心情，让我们感到恐惧，并开始胡思乱想，最终导致精神崩溃。所以，为了拥有更加健康的身心，我们一定要尽早摆脱噩梦的侵扰。

想要脱离噩梦，首先必须清楚它形成的原因。医学上认为，血糖过低是诱发噩梦产生的原因。因为由于血糖过低，身体就会出现虚弱、盗汗、心悸等症状，同时大脑也会因供养不足，阻碍蛋白质合成，从而刺激到兴奋神经。另外，多愁善感、杞人忧天、心理素质差的人更容易做噩梦。也就是说，做噩梦的几率与身体的健康程度成反比，身体越健康，做噩梦的几率越低。

当然，噩梦的危害也是不容小觑的。研究显示，噩梦会对人体的心脏功能造成不良影响，如在噩梦中惊醒的人们常常出现喘粗气、心跳过快等现象。如果刺激过大，更可能会引发急性心力衰竭，从而导致死于睡眠。而一旦噩梦的内容过于惊悚，超出所能承受的范围，就会使人们的心灵受到严重创伤，走上极端的思想，产生心理问题，最终精神崩溃，疯疯癫癫，甚至做出自残、自虐等反常行为。因此，噩梦不仅仅只影响那一晚的睡眠质量，更会使我们的性情与人生发生逆转。

早日告别噩梦的侵扰，在美梦中放松身心，释放压力。

3.保证充足的睡眠

众所周知，睡眠对体力和脑力的恢复大有益处，而充足的睡眠不仅能够保持头脑的清醒，更可以愉悦身心、发散思维、提高记忆力。不仅如此，充足的睡眠还可以有效地减缓压力，恢复人们的精神。

很多人认为睡眠时间越长，对身体越有益。其实不然。临床研究发现，一个健康的成年人如果每天的睡眠时间超过10小时，那么他的心血管功能和反应能力均会有不同程度的降低。一般来说，成年人健康充足的睡眠保持每天7小时左右就够了。

然而，睡眠问题并没有引起人们的重视，仍有很多人每天透支着睡觉的时间赚钱。一项全国调查的结果显示，在"每天压力程度"的调查中，有65%的管理阶层表示"感觉身体有些劳累"，更有35%的人表示"每天都承受着巨大的压力，睁眼就想放假"。同时，在"能否保证每天8小时睡眠"的调查中，36%的人表示，每天能有6至7小时的睡眠时间已经不错了，而能够保证每天睡眠时间在7至8小时的成年人不足10%。

你可以尝试以下步骤，确保你的睡眠时长：

第一步，确定一个适合自己的上床时间，并在接下来的一个星期内完全按照这个时间执行。也许在刚开始的几天时间里，你还不太习惯，但坚持一周，你就会慢慢习惯并且感受到它带来的好处。

第二步，利用一切空档的机会小憩，如利用午休的时间小睡一会儿，或在工作的闲暇之余闭目养神。但一定要注意，午睡时间30分钟左右即可，不宜过长，且姿势应取卧位，切勿趴在桌上，以免脑血流供应不足。

第三步，如果平时缺乏锻炼，可以做一些轻微的体力劳动或体育项目，太极拳、散步、气功等都是不错的选择，都会起到安定精神、宁静思想的作用。

第四步，戒掉晚上喝茶、饮酒等不良习惯。

总之，睡眠是健康必不可少的重要组成部分，是生命所必需的过程，是复原、整合机体和巩固记忆的重要环节。它可以及时地舒缓压力，恢复精神，

让你在激烈的竞争中挥洒自如。所以，让我们为睡眠留下多一点时间，并且努力确保睡眠质量。

方法 8

淡然如菊，回归单纯

在当今这个竞争激烈的社会里，很多人为追逐名利弄得头破血流，可结果非但没有获得丝毫的满足感，还落下严重的心病。如果我们能如淡然素雅、内敛朴实的菊花一样，做到不迷乱心志于外界的喧嚣和繁扰，不被欲望和诱惑所撼动立场，始终怀有淡然的心态，那么无论身处何境，我们都会一如从前。

1. 单纯最可贵

列夫·托尔斯泰曾说过："伟大建立在单纯、善良和真实之上。"而事实也的确如此，那些伟大的思想和决定，往往源于人们内心中最单纯、最真实的想法。然而我们在成长和生活的过程中却轻易地忽略了它的存在。正所谓人之初，性本善。每个人在童年的时候都是最单纯、最真诚的。但是随着思想与意识的转变，环境与氛围的变换，我们逐渐失去了小时候的单纯，变得圆滑世故，变得表里不一。

现代社会中，各种虚伪客套一点点污染着我们原本单纯的心，让我们不能以诚相待并表达自己的真情实感，最终导致我们越活越累。

其实，单纯并不等同于幼稚与无知，它连接着人们的内心世界与外在世界，也象征着人们对于生活的完全信任。如果我们能够相信一切，那么即使现在苦不堪言，幸福也一定就在不远的将来；即使现在遭遇欺骗背叛，也能够永远怀抱一颗单纯善良之心。

当这繁华的花花世界已经让你眼花缭乱、麻木不仁时，停下飞奔向前的脚步，尝试重新找回那份最初的简单与纯朴吧。这时你会发现，当单纯经历过岁月的磨砺后具有更强大的力量。它会使你静如处子、心如止水、出淤泥而不染，在繁扰的世界中觅得一片专属于自己的纯粹而自在的天空。

2.保持淡然的心态

"人淡如菊"是千古流传的佳句，出自唐代诗人司空图的《诗品二十四则》，同时它也是许多成功人士的座右铭。虽只有简短的四个字，却道出了淡然豁达的人生态度，极具哲理，引人深思。

菊花虽和其他鲜花一样，散发着芬芳，但却没有一丝甜腻，反而飘散出一缕凛冽青涩的气息，沁人心脾。人如果真可以如菊花一般，那必然会是一种处之泰然的安宁境界。

当今社会，有的人奔波劳碌只为解决温饱，有的人处心积虑为名为利，有的人欢呼雀跃只因功成名就，有的人失魂落魄源于挫折磨难。人生在世，不可能永远一帆风顺，如果我们能够做到人淡如菊，保持一种淡然的心态，学会以冷静的双眼观察世界，用安宁的心灵面对生活，那么这个世界上就不会有伤心与哀怨，也不再存在所谓的艰难险阻。

积极向上的奋斗者们固然值得我们敬佩，披荆斩棘的攀登者们也令人肃然起敬，但人生这场游戏中的常胜将军，当然也是最后的赢家，往往是那些从容不迫、处之泰然的人。淡然是一种醒悟和洒脱的状态，是不同流合污的特立独行，是无所惧怕的义无反顾，是真正智者的大境界。

3.学会淡泊，回归本真

"非淡泊无以明志，非宁静无以致远。"是诸葛亮在《诫子书》中最广为

流传的名句。其意思就是说，人生在世，只有看淡一切，保持身心安宁，才能确定自己的志向，实现远大的抱负。

在繁扰喧闹的现代都市中，淡泊与宁静尤为珍贵。我们不得不为了生存下去而四处奔波，同时还要遭受着生活中诸多烦恼与无奈的困扰。但是，只要我们心灵宁静，态度淡泊，看淡一切，不管有无都会感到开心快乐，那么即使生活再艰难困苦，也会变得轻松愉悦。

为人处世中，如果我们能够做到心态淡泊，就会感受到简单生活中的真切，平凡人生中的安乐。即使你并没有人人称羡的工作，也没有炫耀辉煌的业绩，更没有可以大把挥霍的钞票，但是只要你懂得知足，懂得享受平凡的生活，那么幸福就会常伴左右。

人生总是在不停地变幻着，没有人永远是成功的，也没有人会一直失败。当一个人只知贪图享乐、盲目炫耀时，他们就看不到前方的陷阱，也不会懂得平淡是真的道理。只有当生命走向终结，一切趋于归零时，才恍然大悟，原来自己所有的东西都不能带着离去。

学会淡泊面对一切，保有纯真心态，我们便可以在压力繁重的社会中出淤泥而不染，保持心平气静!

4.重回童年，唤起童心

人们常说，一生中最快乐的时候就是孩童时代，因为那时的我们天真无邪，每天都过得无忧无虑。

所谓"童心未泯"的童心主要是指可以无忧无虑地生活，容易忘记不愉快的事情，心满意足，真实不做作，广交朋友，不猜疑嫉妒，活泼热情，充满好奇心，天马行空等。然而随着时间的流逝，年龄的增长，阅历的丰富，我们往往会披上一层世故的外衣，虽然它确实能够在一定程度上保护我们，但却更大地限制了我们的行动，增加我们的压力，使我们背负沉重的负担，步履蹒跚，不再率真与淳朴，遗失很多快乐与美好。

在这个意义上，如果有人可以永远保持一颗童心，凡事不斤斤计较，及时放下痛苦，不记仇，不自怜，做事光明磊落，待人真诚热情，那他的人生一定更加轻快。如果我们可以适时地暂且放下成年人的角色，重回童年找回天真，那必将享有难得的轻松与快乐。

心理学家经研究后发现，如儿童般嬉戏，有助于我们释放工作中的压力，减轻心理上的负担，获得轻松愉快的感受。所以，当你再次路过某个运动场，看到正在荡秋千的孩子们时，不妨放下手中的皮包，松开领带，或脱掉高跟鞋，加入小朋友们的行列，这会让你在紧张的一天中得以片刻小憩的机会。

当然，你还可以时常到幼儿园或是小学校转转，感受一下小孩子们的天真活泼。或是重新翻看小时候的照片、作业、日记等，唤起沉睡的童心。还可以翻翻童话书、看看动画片、玩玩小玩具，找回童年的喜悦。

第十章

运动休闲减压法
——把压力抛在身后

为了适应社会的高速发展，人们不得不相应地加快自己的步伐，不顾一切向前冲，然而却也因此错失了许多沿途的美好景致。如果你自己不喊停，那么工作永远不会自己消失，反而只会有增无减。所以，适时地卸下肩负的重担，给自己放个小假，哪怕只是出去跑跑步，然后再投身于工作后，感觉也会大有不同。

方法 1

运动带来好心情

我们常常会有这样的体验：当感到不开心，或工作压力过大时，做一做运动，让自己大汗淋漓，此时心情就会变得舒畅，内心的烦恼也会瞬间消失，同时头脑更加清醒，思维更加活跃。

所以说，心随身动，因为运动可以带来好心情。而运动之所以可以舒缓压力，保持心态平和，是因为腓肽效应。当达到一定运动量时，身体产生的腓肽效应便能使神经愉悦，甚至能使压力和不悦消失不见。

中医讲究："饮食有节，起居有常，不妄劳作。"其意思是说，要想拥有健康的生活，不仅要养成有规律的饮食起居，更要进行适当的体育运动。而且烦恼本身就是一种负能量，很难得以释放，但是通过有节律的运动，这种负能量就会随着汗水一起被排出。因此，做做运动，就会起到排忧解压的功效。

当今社会，越来越多的年轻人愿意花费金钱和时间在健身房里或者在做运动上，例如：跑步、打球、游泳、器械运动、健美操等。而这些运动确实有助于人们提高身体机能、感知以及控制力，加快血液循环，调节心率跳动，增加机体含氧量，短时间内提高人们的精力。

大量的研究表明，运动对情绪确实具有排解作用。心理学家认为，运动不仅可以锻炼身体，更具有心理医疗价值，如净化剂般可以宣泄和提升运动者长期压抑的情感和精力，从而修复受伤的心灵。

人之所以在遇到烦心事时会越来越烦躁，那是因为陷入情绪的氛围越深就越会增加坏情绪的能量。但当你在运动的时候，就会把陷入情绪中的心思转移到肢体运动和周围的景物上。

那么，我们可以通过哪些运动减压呢？通常来说，我们可以参加一些平缓的、活动量小的有氧运动，如跳绳、健美操、游泳、散步、打乒乓球等，平静自己的心情。运动时间每天半小时左右即可，不宜过长，否则会造成疲劳或是兴奋。但切记不要背负过于沉重的压力及不良的情绪进行运动，也不要盲目刻意地做一些剧烈的、活动量大的项目。

因为运动是为了放松身心，所以我们可以选择一些自己喜爱的、能带来愉悦感的项目进行锻炼。同时运动过后一定要及时洗浴，预防感冒。

请大家参考以下的运动自我监测，以便在运动时获得好心情：

1.运动情绪。即主观上参加运动的欲望程度。大体上可分成5个等级：强烈参与、积极主动、可以参加、勉强配合、拒绝加入。而正常的运动情绪应该是精力充沛，充满自信。

2.自我感觉。运动过后正常的自我感觉应该是良好的，且无身体不适感。如产生不良反应，如异常疲劳、头晕恶心、全身乏力等，应及时停止运动，分析原因，并改正回来。

3.睡眠质量。运动过后，应拥有良好的睡眠质量，入睡快，睡眠深，噩梦少，且第二天醒来时神清气爽。

4.食欲状况。大多数情况下，人们会在运动后食欲大增，胃口大开。一旦运动后食欲减退，甚至不想进食，那就表明活动量不当或身体状态出现问题。

5.排汗量。如果只进行轻微的活动就会出现大量排汗，或是出虚汗、夜间盗汗等状况，那就表明身体正处于极度疲劳的状态或患有其他疾病。

6.脉搏。正常情况下的脉搏平稳、有力，且每分钟的次数也基本相同，但

运动过后应有下降的趋势。

7.体重。如果运动量适宜，那么体重应该是稳定的，或短期内稍有减轻。一旦体重持续降低，那就说明有可能活动量过大或患有消耗性疾病。

8.血压、心电图。最好在运动前做一次全面的检查，之后定期检测，并对比测定的结果，以查看运动健身的效果和预防意外发生。

总之，养成科学的运动习惯，会让你的心灵在运动中得到更好的调节，让你面对的职场压力不翼而飞。

方法 2

小动作改变大压力

对于那些整天坐在电脑前工作的人来说，除了工作本身带来的压力外，身体悄然发生的变化也是破坏心情的重要原因之一。当我们出现了颈椎病、鼠标手、键盘手等病症时，那就证明身体已经向我们发出了警报信号。

记得两年前有个叫萧萧的同事就是因为得了颈椎病，不得不请假回家去养病，后来听说她做了半个多月的推拿按摩才最终痊愈的。

还记得有一次和朋友们闲聊时，大家纷纷抱怨起整天坐着上班的烦恼，一个朋友如是说道："天天坐着，害得我肚子都多出来个泳圈来，屁股也越来越大。"话音未落，众人大笑不已，但这却如实道出了大多数人的烦恼。

对于如今的白领一族来说，局部肥胖确实是一个致命问题。一个人如果久坐在办公室里，就会因活动量过小而导致血液循环不良，从而下半身变得肥胖，小腹、臀部及腿部在不知不觉中囤积更多的脂肪，因此，万恶的"西洋梨"身材就此诞生!

随着竞争压力的日益增大，人们只知终日埋头于工作，浸泡在无边无际的应酬之中，甚至连起身倒杯水，舒展一下筋骨的时间都觉得是一种奢侈。在工作和身体的双重压力之下，我们的心情越来越糟。但是不要着急，让我们通过日常生活中的一些小动作，舒缓工作中的情绪压力吧。

1. 多活动活动肩部

"肩部运动"动作要领：房门呈打开状态，站在门框内，两臂自然下垂，双手轻握成拳，手背向前。然后伸开两臂，双拳紧抵门框，如同要将它撑开一样，这时三角肌呈极度紧绷的状态，保持这个姿势，坚持8~10秒或再长一些，然后慢慢放松。

2. 多活动活动胸部

"俯卧撑"动作要领：当胸部快要碰触到地面时，绷紧胸大肌，保持这个姿势，坚持8~10秒或再长一些，然后慢慢放松。

"面壁运动"动作要领：面向墙壁站好，以双臂前举，指尖将触而未触到墙壁的距离为宜。挺直全身，慢慢将上身向前倾斜，双手扶墙，指尖向上。同时，屈肘，使上臂与前臂成一直角，用力使上身更加靠近墙壁，但又要保持这个姿势撑住上身，阻止身体靠近墙壁，这时胸大肌呈极度紧绷状态，保持这个姿势，坚持8~10秒或再长一些，然后慢慢放松。

3. 多活动活动腹部

动作要领一：仰卧，固定住脚踝，坐起上身，使上身与下肢间呈现一个大于90度的角，绷紧腹直肌，保持这个姿势，坚持8~10秒或再长一些，然后慢慢放松。

动作要领二：仰卧，同时翘起下肢和上身，使之呈"V"字形，绷紧腹直肌，保持这个姿势，坚持8~10秒或再长一些，然后慢慢放松。

4.多活动活动臂部

动作要领一：端坐在桌前，双手托住桌子下沿，使上臂与前臂成一直角，如同要托起桌子一样，此时肱二头肌呈极度紧绷状态，保持这个姿势，坚持8~10秒或再长一些，然后慢慢放松。

动作要领二：身体站直，双臂自然垂于体侧，双手微微握拳，手背向后。双臂绷直向后上方抬起，上身可略微向前倾，直到双臂不能继续抬起为止，此时肱三头肌呈极度紧绷状态，保持这个姿势，坚持8~10秒或再长一些，然后慢慢放松。

动作要领三：站立或坐下皆可，双臂自然下垂，双手握拳，手背向后。手腕尽力向上弯曲，绷紧前臂肌肉，保持这个姿势，坚持8~10秒或再长一些，然后慢慢放松。

5.多活动活动腿部

动作要领一：半蹲，尽量使大腿与地面呈水平状态，上半身与地面呈垂直状态，双臂交叉抱在胸前，这时股四头肌呈极度紧绷状态，保持这个姿势，坚持8~10秒或更长一些，然后慢慢放松。

动作要领二：端坐在椅子上，脚尖点地，脚跟尽量向上抬，绷紧小腿三头肌，保持这个姿势，坚持8~10秒或再长一些，然后慢慢放松。

方法 3

在休闲中得到放松

某日，大学时非常要好的朋友来家中做客。由于许久没有相见，我很想知道他的近况。

可我还没有细问，他就喋喋不休地抱怨起来。原来，身为公司的中层领导，他每天都承受着巨大的压力，几乎夜夜凌晨以后才能入睡，不仅白天要一刻不停地忙着工作，就连晚上回到家也要时常加班。再加上同事间的钩心斗角，商场上的尔虞我诈，以及没完没了的应酬，他的脑袋简直就要爆炸了。

"那你为什么不给自己请个假，出去放松一个星期呢？"我疑问道。他苦涩地一笑，紧接着说道："没有用的，等上了班后不就又变回老样子了？就这样慢慢熬吧！"

见他没能明白我的用意，我又笑着说道："万事不能轻易下结论，你没有去尝试，又怎会知道结果如何呢？也许你出去休闲一下，感觉就会大不相同。"

之后，他果然听从了我的建议，请了一星期的短假，参观了一些旅游景点，四处闲逛了一下。重回工作岗位的第二天，他便兴奋地给我打来电话："真是太感谢你了，这个办法真不错。离开公司的这7天里，我想通了一切，不但不再受烦心事的困扰，连工作效率也大有提高，更关键的是，我又重新找回了工作的热情。真是太令人难以置信了，原来休闲还能起到这个作用哦。"

休闲不仅可以舒缓工作中的压力，更能够排解积攒在心中的不良情绪，从而还自己一份轻松。

相信很多人都有过这样的体验：当面对工作上的难题，百思不得其解时，或是被情绪的牢笼困在原地时，如果放纵自己、随心所欲的话，经常会灵光乍现，找出解决的办法。或是去看一场能够让自己痛哭流涕的电影，在眼泪中得以宣泄和释怀。

如果一个人不懂得如何休息，那他同样也不会懂得如何工作。对于工作生活压力过大的人来说，学会休闲同样十分重要。我们应该把足够多的时间留给自己，这样就可以随心所欲做自己想做的事，你可以上午去钓鱼，也可以下午搞创作。当然休闲并不代表休眠或是休止，而是在紧张的战斗中的小憩、准备和补充，如同乐谱中的停顿，狮虎搏击前的弓步。

最好的治疗方法就是在休闲中的沉思，因为它可以使我们的内心保持一份安宁与自由。正如亚里士多德所说："万事万物环绕的中心只有休闲，它是产生哲学、艺术和科学的基本条件之一。"同时休闲也有助于我们舒缓压力，在休闲中，很多工作上的难题就会迎刃而解。

因此，休闲绝不是一种浪费时间、金钱甚至生命的活动。

懂得如何休闲也是一种人生的大智慧。因为人一忙起来，就容易方寸大乱，头脑混沌；心烦气躁，心情焦虑；见识浅薄，冲动鲁莽；只顾眼前，没有远见。所以，只有学会休闲，掌握好其与工作时间的平衡，才会提高我们的工作热情与工作效率。

很多人之所以现在这么拼命工作，就是为了有朝一日能够过上"好日子"。但是，只要你懂得休闲，懂得如何合理利用工作以外的时间，你就会猛然发现，梦想的"好日子"原来就在眼前！因此，不仅要乐于工作，更要享受休闲。

方法 4

敞开心扉，拥抱自然

忙碌紧张的生活，让我们把心锁了起来，同时也把身体绑在了工作、事业、赚钱上，锁进了城市、办公室、钢筋混凝土建造的牢笼中。我们源于大自然，更属于大自然，然而现实的生活却使我们渐行渐远，远离了那个能够抚慰我们心灵的地方。

若想平衡身心，那就一定不能少了大自然的按摩。让我们打开心锁，敞开心扉，为自己放个假吧。近年来不少朋友都想去张家界、黄山去看看，细问之下才知道，他们是想更加接近大自然。因为那里是一个山清水秀心更恬淡的地方，是一个远离喧嚣的城市不错的去处。古人云"智者爱水，仁者爱山"，而山水也对心灵具有轻柔神奇的滋补功效。

一项最新的研究成果指出，人体的血压会在吸入杉树、柏树的香味之后得到降低，情绪也会得以稳定。同时行走在山间还有助于提高肺部功能，诸如可以改善肺部的通气量、增加肺活量等，而且也会增强心脏的收缩能力。所以，让我们疲惫的身心投入到大自然的怀抱里吧！

不管是游山还是玩水，我们都会被一种放松后的轻松愉快所包围。在大自然无与伦比的美景中，人们返璞归真，重回自然，融入绿色，不禁开阔胸怀，感受到无限的美好。

通过登山，一个人的胸怀会变得更加开阔。站在山脚下，仰望雄伟的高山，你会突然发现原来自己是那样渺小，于是从心底油然而生一股谦恭之情。

而当你爬上山顶，站在山巅之上时，你不仅仅会产生"一览众山小"的兴奋，更会明白时间会冲淡生活中的一切不顺心。

当你踏入绿树成荫的山林里时，它好像一下子就隔绝了生活中的一切，仿佛只剩下你自己，自由地思考与感受。山林中有一股专属于自己的独特味道，它可以有效地抑制精神焦躁，调理机体功能。所以当你走进绿色山林时，就会感到神采奕奕，疲劳顿消。

大海可以丈量我们的目光，让我们感受到宽广与辽阔的人生，不再耿耿于怀于眼前鸡毛蒜皮的小事。所谓海纳百川，有容乃大，大海教会我们包容一切，并让我们懂得如何沉淀不良情绪。

令人神往的大海，更会使我们的心灵得以放松。因为它拥有一种神奇的魔力，能够打开我们的心扉。无论发生任何不幸的事情，只要面对一望无际的大海，心情就可以慢慢平静下来。所以，如果你生活在海滨城市，或是离海边不算太远，那一定要抽出时间看看大海!

说了这么多，你一定已经迫不及待地想要走进大自然了，那么究竟如何才能做到既不影响正常工作又可以拥抱大自然呢?

1.采取就近原则，就近观景，与大自然亲密接触，并不意味着一定要到某个名胜古迹才算可以。

2.分配好自己的时间，留下充足的心情与双休时间外出游玩，千万不要身在曹营心在汉，游戏于山林湖海之间还心念工作。

3.或独自一人单身前往，或约上三五好友，或全家总动员一同前往。

4.当被工作压得喘不上气来，停滞不前时，请个小假，投身于大自然的怀抱之中，放松心情，也许解决方案就会不请自来。

5.如果实在没有充足的时间，也无法从繁忙的工作中脱身而出，那么就逛逛城市里的公园吧，它也是钢筋混凝土铸造下的都市中一道特别的风景线。

方法 5

放慢脚步，给自己留下充足的时间

一名挪威的学生在中国留学，他曾这样感慨道：在大部分中国大学生的眼中，我是一个胸无大志的典型代表，对于挣大钱、做大老板、出书立传、做大事业等统统不感兴趣，甚至也不在乎是否拥有高学位。对我来说，每天过得快活有趣才是最重要的事情。

或许你也会赞同他很没有出息，但换个角度来看，这不也正是生活的一种大智慧吗？这个挪威的留学生永远不会成为生活的"奴隶"，而是自己的主人。他虽然可能不会有大作为，或是名垂青史，但他的一生一定是在享受生活、轻松愉快中度过的。在这一点上，他比大多数人都成功，因为他过的生活与我们想象中成功人士的生活简直一模一样。

然而仔细观察后，我们就会发现，越来越多身边的朋友正逐渐沦为生活的奴隶。有时候，我们真应该扪心自问，难道这就是我们想要过的一生吗？让我们一起来看看下面这则小故事吧，也许你会有所感悟。

一个自以为非常成功的年轻人来到巴厘岛旅游。一天，他不小心摔破了眼镜，便不得不中断行程，叫了一辆出租车返回旅馆。在车上他向司机询问修眼镜的地方，但是司机告诉他说，只有到首府才能修好眼镜。年轻人闻言，随口叹道："这里真是太不方便了。"

司机不以为然地笑着说道："这里很少有患有近视眼的人，所以并不会

感到不方便。"闲聊了一会儿过后,司机的谈吐不俗,使这个年轻人决定第二天包他一整天的车,借到首府修眼镜的机会顺便欣赏一下沿途的风光。

司机考虑了一下,然后同意了他的要求。第二天,他们准时8点出发,很快便到达了首府。修好眼镜的年轻人在首府逛了一上午后觉得有些劳累,便产生了打道回府的想法。但他一想到司机可能为了接这笔生意,而打乱了许多原有的计划后,就不好意思开口说想要回去了。在经历过一番激烈的思想斗争后,年轻人终于下定决心向司机小心询问道:"不好意思,司机先生,如果我现在只想包半天,不知会不会给您带来极大的不便?"

出人意料的是,司机竟然分外高兴地说道:"没有没有。其实你昨天说要包一整天车的时候,我还犹豫不决呢!若不是因为咱俩聊得来,我是不会接受全天包车的。"

"为什么?"年轻人感到非常奇怪。

司机解释道:"我早就为自己设定好了一个工作目标,每天只要赚够600块,我就收工。而你用1200块包车一整天,这可是我两天的工作量,我会因此而失去自己的时间。"

"那你可以明天再休息呀!"年轻人觉得这才是最完美的解决方法,于是如是建议道。

但司机却摇摇头说:"这可万万不行,如果做满一整天然后再休息的话,慢慢就会衍变成做一周,然后是做一个月再休息,到了最后可能就会变成做一整年才能休息,最终可能就会导致终生不得休息了。"

年轻人听后觉得很有道理,点了点头,继续问道:"那闲暇的时候你们都做什么呢?那么多空闲的时间,难道不会感到无聊吗?"

司机哈哈大笑,回答道:"怎么会呢?这里好玩的事情可多着呢,一点儿都不会感到无聊。而且巴厘岛家家都有斗鸡的习惯,收工后,我就玩玩斗鸡，有时候陪孩子们一起去广场上放放风筝，或者到海边去打打排球、游游泳，这些都会使我的生活变得更加快乐惬意！"

年轻人听后恍然大悟，不禁回顾起自己原来的生活。自己没日没夜地拼命工作挣钱，但却很少按自己真正的意愿好好享受生活的悠闲。天天想着赚够钱后就享受，可事实上却是"明日复明日"，房子是越换越好，越换越大，但已经大到只能请佣人打扫；而且已经贵到只有拼命工作，才能还上贷款。于是，为了能有更多的时间专心工作，他只好住在公司，有家不归。但是，这样一来，大房子又有什么意义？而我们自己又变成了什么？是房子的奴隶？还是不停地运转的工作机器？抑或是驮着金钱的驴？

人生路漫漫，自己是否也曾经有过急急忙忙随波逐流的经历呢？如果你已经深感压力巨大，那么就放慢脚步，及时给自己放个短假吧。让自己好好放松一下，让生活更加悠闲一些，让视野更加广阔一点，留给自己多一点时间去做真正快乐的事情。这时你也许就会发现，人生竟然是这么地豁然开朗。

方法 6

适时卸下压力，积极享受休息

很多人在工作、学习和生活了一段时间过后，都会产生疲劳的感觉，但是我们并不用感到害怕，因为这都属于正常的生理现象。疲劳一般分为两种形式，生理疲劳和心理疲劳。前者主要是就身体而言，肌肉酸痛、疲倦不堪、四肢无力等都是其主要表现形式；而后者主要是就心理而言，心烦意躁、注

意力涣散、思维缓慢、反应迟钝等都是其主要表现形式。因此，压力的产生和这种疲劳是休戚相关的。

无论是生理疲劳还是心理疲劳，我们都需要通过及时的休息加以缓解，进而恢复到正常状态。否则，一旦这种疲劳持续下去，或者更为严重的话，那由此产生的巨大压力就会有害于我们的身心健康，甚至危及生命。

很多人之所以英年早逝，原因几乎可以归结于一个字，那就是累，而这也同时给我们敲响了警钟。我们的身体其实就如同一台机器，只有适时地进行保养和维护，才会继续正常地运转。如果忽略了定期的检查和维护，只知一味地使用，那这台机器就很可能会停止运转，甚至还会报废。而能够最好地保养和维护我们身体的，非休息莫属。

一般性的身体疲劳，都可以通过充分的休息和适当的娱乐得以缓解甚至消除。但如果是那种周而复始产生的疲劳，而且在充分的休息过后也不能消除，并且还会严重影响到日常学习生活的话，那我们就应该高度重视起来了。这种机体障碍或失衡的状态，在医学上统称为慢性疲劳综合征。而且医学研究还表明，主观感觉疲乏只是慢性疲劳综合征中众多表现之一，具体的情况因人而异，程度各有不同。但主要表现为：

认知障碍。如注意力涣散，短时记忆能力差，具体表现为识字困难，对于阅读的内容难以正确理解和记忆下来等。

视觉障碍。如视线模糊，对光线敏感，具体表现为稍有强光，眼睛就会产生不适感。

心理障碍。如经常产生抑郁、易怒、焦躁等心情，情绪起伏较大。

身体异常。如经常打寒战，夜间盗汗，呼吸急促，心脏跳动无规律，易发生肠道疾病，诸如腹疼、腹泻、便秘之类的症状，体重变化莫测，出现不同程度的头疼、头昏、四肢无力等症状，睡醒后仍旧无精打采，等等。

营养不均衡、环境破坏、病毒感染等都是导致这种疲劳产生的原因之一，但是压力过大也是我们不容忽视的一大原因。无论这种疲劳因何而产生，如果不及时消除的话，就会有害于身体健康。而最简单易行的消除这种压力的办法就是充足的休息。

然而有一小部分人并不在意这些小疲劳，并认为它们没什么了不起，但健康专家却告诫我们，小疲劳同样不可小觑。如同我们端起一杯水，重要的是你可以坚持多久，而并不是这杯水的重量。坚持一分钟，谁都可以；坚持一小时，手可能就会觉得酸痛；若是坚持一天，恐怕就得叫救护车了。然而在这个过程中，水的重量并没有发生变化，只是拿得越久，就越会感到沉重。同样，我们肩负着的压力也是如此，如果我们一直背负着它，时间一长，它就会越来越沉重，直到最后将我们压垮。

因此，我们必须适时卸下背负的压力，积极充足地休息，然后调整好精神，整理好情绪，再一次面对新的压力。举个例子，身在职场的我们，应该一下班就立马卸下工作上的重担，换上轻松愉悦的心情，回到家里，养精蓄锐，以崭新的激情与精神投入到第二天的工作中去，这样我们就不会感到压力如山大了。

总之，休息是排解压力的好方法之一。可是一说到休息，大多数人首先想到的就是睡觉。但事实上，睡觉只是众多休息方式中的一种。休息的范围广阔，可分为两种：积极休息与消极休息。

1.积极休息

所谓积极休息，就是指用另外一种活动促使疲劳部位得到恢复。比如说，双腿疲劳的跑步运动员，经常通过双臂运动，诸如引体向上、俯卧撑等来舒缓双腿的疲乏感。目前，积极休息在运动训练中已经得到广泛运用，所以，在日常生活中，积极休息也应该被大力推广。

积极休息时,应该注意以下几个方面:

(1) 选择活泼有趣的休息方式。休息并不等同于松散,也不是一味地放纵,而应该是活泼而富有情趣的。

(2) 有张有弛,不断放松自己。工作和学习的时间并不是越长越好,更切忌加班熬夜。每个人在工作和学习生活中,都必须要按照各自生物钟的节律,有规律地进行活动,只有这样,才能取得最佳效果。

(3) 定期更换休息方式。例如说,使坐势、站势、走势相互配合;假日休闲,要在野外与室内交替进行;周末娱乐,要兼顾文艺与体育等,只有像这样经常更换休息方式,人们才会感到生活充满情趣。

而所谓的"消极休息",则是与积极休息相较而言,它并不是指情绪上的消极,而是指休息方式单一,不具灵活性,进而不能完美地达成休息的目的。例如在节假日期间,长时间睡觉、静坐在电脑前一动不动地玩游戏等都属于消极休息的表现。所以说,正确的休息方式,应以"动"为主,动静结合。

2.休息的误区

人们对于休息的理解上还存在一些误区,主要表现为:

(1) 不动等于休息。很多人认为窝在沙发里或一动不动躺在床上就等于休息,其实事实并不是这样的。休息的含义指的是暂停工作。所以说,如果只是身体处于静止状态,但脑筋还在一直运转、思考问题的话,那根本就称不上是休息。反过来,逆向思考一下,与人谈笑风生、浏览报刊杂志或是聆听音乐等,也算是一种休息。

(2) 娱乐等于休息。一定的娱乐确实可以放松人们的身心,但是只要一旦过度,便会适得其反,不仅失去了原本积极的意义,更会消耗人的精力,有害身体健康。

(3) 睡眠时间越长越好。休息可以调节身心状态,而适度的睡眠能够起到消除疲劳的功效，至于睡眠时间的长短，则取决于疲劳的程度。对于一个健康的成年人来说，睡眠时间8小时完全绰绰有余。一旦睡眠时间过长，则会导致人体气血循环不畅，新陈代谢速度减缓，器官功能低下，免疫功能不良等，从而引发各种疾病。

(4) 累了以后才会休息。因为疲劳的程度难以用一个客观的评判标准来加以衡量，所以，还是不要等到累趴下了以后再去休息。而是应该主动积极地休息，即使不疲劳也小憩一会儿，只有这样，才能够有效预防疲劳、保持充沛的精力。这可是有据可依的，这是一位科学家在观察心脏工作效率后得到的启示，并通过长距离行走试验和超强度体力试验得到了证实。

我们不仅仅要改变这些认识误区，更要掌握一些正确的休息方法。

如果你现在有两项工作需要完成，那么分配好时间，交替进行，这样你大脑的两个半球就会在转换工作的过程中获得短暂的休息。做与你的疲劳产生原因相反的事情，例如，如果因运动而产生疲乏，那就静止下来，小憩一会儿；如果因长时间静坐而感到疲倦，那就运动运动，放松自己；如果因一件事情而忙得晕头转向，那就暂且换成自己最有兴趣做的事情，以达到休息的目的等。

此外，专家们还建议人们可以仿效心脏的休息方式进行休息。例如，坐在办公室里的文秘白领们，不必连轴转地去做每一件事情，而应该在完成每一项工作后且尚未产生倦意时就出去舒展一下筋骨；伏在桌前的文字工作者们，不必等到文思枯竭、头脑短路时再放下手中的纸笔，只要脑海中的一个构思形成文字，就可以稍做休息，松弛一下；从事体育运动或体力劳动的人们，尽量不要把疲劳当作休息的信号，而是应该提前休息。如果可以做到这些，那不仅会提高工作效率，更会使人不再疲劳不堪。同时，我们还可以通过气功、按摩等辅助手段，诸如按天灵盖、太阳穴等，来达到使人状态振奋、

疲劳舒缓的效果。

休息的意义在于可以有助于促进健康，舒缓甚至消除疲劳，释放压力，调节机体生理维持规律性，保持机体正常生长发育等。因此，人们要想合理有效地组织劳动和休息，就必须要善于利用各种各样的休息方式，使身心可以获得更加积极充足的休息，从而更加有利于身心健康。

方法 7

摈弃一些无谓的忙碌

现代社会，竞争日益激烈，生活节奏越来越快，但每个人却都活得更加压抑，失去了更多的私人空间。

我们每天都被工作日程表牢牢地禁锢住了，那上面满满地记载着我们每天的必做之事，而它也霸占了我们生活的中心。但当我们稍微有时间放松一下时，影视剧、电脑游戏、健身场所、娱乐中心等又将我们淹没。人们通过这看似忙碌的假象，来掩盖自己害怕无聊寂寞的事实，这使得我们丧失了独立思考的时间，也让我们无法再享受到清闲了。

简单生活的倡导者爱琳·詹姆丝，她曾经是一个作家、一个投资人，同时也是一个地产投资顾问。在这个领域努力拼搏了十几年后，有一天，独自一人坐在办公桌前，呆呆地望着那张写满密密麻麻工作事宜的日程安排表的她，突然意识到，自己对这张令人发狂的日程表已经忍无可忍了。自己的生活，因为它，已经变得错综复杂。每一天都用这么多乱七八糟的东西塞满自己以保持满负荷运转状态，这是一种多么疯狂愚蠢的行为啊。就在这时，她当机立断，做出了一个重大决定：她要开始摈弃一些无谓的忙碌，还自己的心灵多一点时间。

于是，她开始着手列清单，把自认为应该远离她生活的事情一一排列出来。紧接着，她便实施了一系列"大胆的"行动。首先，她将所有的电话预约全部取消。其次，她将所有的杂志全都取消预订，并把堆积在桌子上的所有杂志，无论读过与否，全部扔掉。同时，她还注销了几张信用卡，以消减每个月收到的账单函件数量。通过这些日常生活和工作习惯上的改变，她的房间与庭院草坪都变得更加干净整洁。而在她的简化清单上，大大小小的事情总共包括了80多项内容。

爱琳·詹姆丝说："我们的生活已经变得让人眼花缭乱了。从古至今，从来没有哪一个时代像我们今天这样，拥有如此多的东西。长久以来，我们一直被误导着，相信着总有一天我们能够拥有这所有的一切，但这已经让我们对尝试新产品心生厌倦了。大多数人认为，他们之所以会沉溺其中并且心烦意乱，就是因为这所有的一切已经使他们丧失了创造力。

"受生活习惯的影响，你每天勉强自己做了多少不得已而为之的活动？又是否因为追求舒坦的习惯和琐碎的例行公事而陷入浪费时间、消耗精力的陷阱中去？其实将这些程式化的活动削减一些，并不会对你的生活造成多大的影响。

"当我们在做这些日常生活中的琐事时，完全是受到了习惯的驱使。我们总是在担心害怕，一旦没有完成这些事情的话，恐怕就会失去另一些东西吧。尽管事实上，我们也许真的会失去些什么，但是这并没什么大不了，我们还是依旧好好地活着。而且不仅仅是活着，而是活得更加轻松、更加潇洒了，因为我们再也不用试图去做那些复杂烦琐的事情了。看看毕加索、莫扎特、

爱因斯坦等这些对人类的艺术、音乐、科学领域作出过卓越贡献的人，你就会发现，这些人无不生活在极为简单朴素的生活之中。他们对于自己的主要领域全神贯注，一心一意，并挖掘其内在的创造源泉，因此，才会收获丰富精彩的人生。"

有时候我们之所以会负重而行，都是因为我们为自己额外地增加了一些不必要的工作。虽然从表面上看起来，我们有所追求，积极向上，但是通过仔细的分析，我们就会发现，其实我们陷入了一个怪圈之中，只知为忙碌而忙碌。为了不让自己被认为是懒惰的或是消极的，或者是为了某些可有可无的消费享受，我们经常把自己耍得团团转，这真是一种极其错误的心态。

马不停蹄向前的人们，是时候该清醒过来了，只要你仔细分析研究一下，就会发现总有些东西我们需要放下。所以，摈弃那些无谓的东西，找到自己的方向，不要让贪婪和欲望占用你大量的时间和精力，而是将这些时间和精力转移到我们真正希望去做的事情上。

空闲之时，我们可以拿出一张纸来，在上面列出我们自己喜欢的娱乐方式和娱乐项目。想想这些活动就会让我们感到有趣，如野炊或是野营，自制个轮船模型，做一些运动，再或者种点花草、读本书、画幅画、写篇文章等也是很不错的。虽然这都是些很简单的娱乐游戏和活动，但它同样会使我们每一个人都喜笑颜开。

所以，在适当的时候，我们必须摈弃一些无谓的忙碌，给自己的心灵放个短假。当面对繁重的工作，喘不过气来的时候；当遭遇烦心事困扰，思绪混乱的时候，让我们为自己营造一个独立且安静的环境，或是去公园闲逛，欣赏一下这姹紫嫣红的美景，抑或是在雨中撑起一把小花伞，漫步，并伫立在青石板的小巷里欣赏雨中美景，让细雨带走我们的坏心情，洗涤我们浮躁的心灵……

伟大的哲学家尼采曾经说过："所有伟大的思想都是在散步中产生的。"生活中的很多行为虽不起眼，但它却会让你感到轻松舒适，而其中最有效、最简单同时也是最廉价的一种当属散步了。如果生活变得更加简单，你就会拥有更多的时间与自己进行对话，与家人开心团聚，拥有更多的财富与他人分享，拥有更多的能量去完成有意义的事情。

总之，学会摈弃一些无谓的忙碌，就等于抛弃许多烦琐与压力，这样一来，我们便拥有更宽广的生存空间，从而能够轻松自在地走自己的人生路。

方法 8

学会拒绝他人，大声说"不"

在这个社会上生存，难免会遇到别人请求我们帮助的时候。这些事情中有我们力所能及愿意去做的，也有超出我们能力范围不想去做的。但由于人们都碍于面子，所以产生了一种"不好意思拒绝对方"的心理。在这所谓的"面子"之下，我们常常对"不"字难以启齿，生怕对方会因此而感到生气，更担心如果说了"这件事情我做不到"之后就会失去了自认为很重要的"面子"，从而破坏了自己在别人心目中的形象。

所以，在大多数情况下，我们都会半推半就地同意帮忙，但这却导致了我们自己总是心不甘情不愿地去完成一些原本就可有可无的请求。更悲催的是，一旦办事不利，没有解决好问题，我们还会吃力不讨好，不仅招致对方的埋怨，更会伤害双方之间的感情。于是你悔不当初，不停地问自己，为什

么当时的我就没有勇气大声说"不"呢?

而且,从某种意义上来说,懂得如何拒绝他人,也是一件"利人利己"的事情。汪国真所言甚是:"当你无法拒绝他人的无理要求时,你其实正是在做一件害人害己的事情。"这里所谓的害人是指助长了他人惰性恶习的养成,害己则是指自己违心去做不愿意做的事情,从而使自己的压力倍增。

因此,勇敢地说出自己真实的想法和感受,大声地宣告爱恨情仇也是非常重要的,当然,也是必要的。因为只有这样,别人才会知道你想要什么、讨厌什么和拒绝什么,这也等于变相地告诉人们:这就是我的心理底线,不要跨越它。否则,如果你一味地忍让、退步和沉默,人们就会觉得:你喜欢这样,而且也心甘情愿,你不会生气发火,更不会心存芥蒂。一旦这样,在与他人交往的过程中,双方之间的关系分寸就模糊了,而你自己往往就是那个最终受到伤害的人。

在戴菲娜上大学一年级的时候,她每月的生活费只有5英镑,原本这些钱对她来说绰绰有余,但是她却时常感到拮据不已。究其原因,这全都是因为,当同学邀她参加聚会时她一概说"行",即使这意味着她第二天的午饭就会没了着落,但她也难以开口说"不",拒绝参加。

一日上午,戴菲娜的姨妈邀请她一起共度午餐时光。但此时的戴菲娜身上只剩下20先令,而且还得依靠它维持到月底,可是她就是无法开口"拒绝"姨妈的邀请!

戴菲娜冥思苦想,终于想到一家合适的小咖啡馆,在那儿每人只需花3先令就可以大餐一顿。如果是这样,到月底为止,她就还剩下14先令可用。

正当戴菲娜带着姨妈走向那家小咖啡馆的时候,姨妈突然用手指着街对面一家名为"典雅咖啡厅"的高级咖啡厅说:"去那儿吧。那家咖啡厅看上去挺好的。"

"嗯，好啊。"戴菲娜虽然嘴上这样说着，但她却在心里暗暗嘀咕："亲爱的姨妈，我没有那么多钱，去不起那样豪华的地方，那儿太昂贵了，需要花太多的钱。"可她转念一想："或许还是能够买得起一份菜的，去就去吧。"

但当侍者拿来菜单后，她的姨妈看了一遍后便先后点了几道菜单上比较昂贵的菜，总共花费20先令。

戴菲娜虽然十分心疼，但她依然没有说一个"不"字，即使她连在结账时应该付给侍者的1先令也掏不出来。姨妈看了一眼桌面，又瞅了一眼戴菲娜。突然开口问道："大学期间，你还在学语言吗？"

"是的。"

"那么，在所有的语言当中，最难念的是哪个字？"

"最难念？我不清楚。"戴菲娜一脸的茫然。

"最难念的就是'不'这个字。"她的姨妈解释道，"随着你逐渐长大成人，你必须懂得何时说'不'——即使对象是你非常亲近的人。其实我早就看出来你没有足够的钱来这家餐馆吃饭，但我就是想让你从中吸取教训，所以我点了好多昂贵的东西，而且时时注意着你的表情变化——我可怜的孩子！"言毕，姨妈付了账，并交给戴菲娜5镑钱作为礼物。

其实我们每个人在成长的过程中，都会受到各种来自周围同学、朋友的建议或怂恿。基于此，在面对无理的要求或超出自己能力范围的事情时，我们必须要学会勇敢、明确地大声说"不"。

学会适时地拒绝他人，因为你并不是"超人"，也不可能让所有人都感到满意。所以不论何时，当别人请求你帮助的时候，一定要根据自身的能力加以衡量，尽快做出判断，决定自己是答应还是拒绝。但拒绝并不表示弱势，

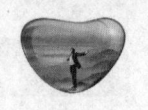

也不意味着是逃避或是偷懒，相反它正是一种负责任的行为，不仅是对自己，更是对他人负责。

总之，在该说不时就应该大声说出来！懂得如何拒绝别人，我们才会更加坦率，更加忠于自己，也就不会再为他人之愿所累了。正如伏尔泰所言：当别人坦率的时候，你也应该更加坦率，你没有必要替别人付晚餐账，更不必为他人的无病呻吟而伤心流泪。面对每一个使你陷入这种心不甘情不愿又逼不得已的难局中的人时，你应该坦率地大声说"不"。所以，学会拒绝他人吧，不要再为讨好别人而勉强自己做不想做的事情，更不要做他人思想的奴隶！

方法 9
只有懂得休息，才能更好地工作

在瑞士，休息是每个人最重要的权利，而几乎人人都把"会休息的人才会工作"这句话当作是他们生活中的至理名言。百年的和平环境，使得瑞士人早已不用再为了创造财富而终日忙忙碌碌，虽然普通大众仍十分看重工作权利，但是相较之下，他们还是更加追求休息的权利。

那么，他们休息的时候都会去哪里呢？

一位瑞士人回答道，一般情况下，普通市民下班后就直接回家，吃完饭后读读书、看看电视，然后便一觉睡到大天亮，但是到了周末他们是一定会出门散散步或是锻炼锻炼身体。对于瑞士人来说，如何安排每年的休假可谓是他们的头等大事，大多数人常常在前一年就开始着手准备计划安排日程了。

而且他们一般都不会太顾及手头上的工作进展，该休假时就一定会休假，即使老板给再多的加班费也无济于事。在度假面前，天大的事情都得延期再办。

同样，在我国古代也早就有了"一张一弛，文武之道"的说法。在竞争日益激烈的职场上，所有人的精神都像钟表一样，上紧了发条。但是我们应该注意的是：如果弦绷得太紧，就会断裂。所以，在工作中，及时地调节自己与注意休息，才会有利于我们自己的身心健康，同时也会对我们的事业大有帮助。

工作时就专心努力，休息时就充分享受，懂得工作也要懂得休息。因为正确的工作态度可不是由于工作的劳累而拖垮了身体，妨碍了工作的进度，而是应该充分地休息，更好地工作。如果天天只知埋头于工作，忙得连轴转，虽然表面上看起来工作时间加长了，但实际上工作效率却并没有得到提高，反而更容易酿成疾患。

在人们长期形成的固有的意识理念中，只有那些"老黄牛"们，诸如每天加班加点、工作上不计得失、"鞠躬尽瘁，死而后已"的人才最值得我们尊敬，才是我们学习的楷模。这鼓励着人们加班加点、废寝忘食地工作，所以在这种氛围下，有的人觉得要是不经常加班加点地工作就是不先进、不"典型"的代表。但实际上，这种思维倾向是一种错误的导向，它没有提醒人们要注意自己的身体健康。

然而工作是永远都没有尽头的，但生命却是脆弱而短暂的。只有懂得享受生活，维持健康，才能够继续工作，进而更好地体味生活的本质。

一次，一位大客户亲自上门拜访杰克逊先生，可谁知他的助理却告诉客户说："十分抱歉，我们经理目前正在马来西亚度假，要不您5天之后再来吧！"

"什么！5天？他竟然丢下这么大一摊生意，去度假5天！"客户的双眼瞪得如两只铜铃一般，仿佛质问自己的下属一样惊讶地问道。

"是的，先生。而且经理度假之前，特意交代，无论公司发生什么事情，都不要在这5天当中去打扰他！"助理恭恭敬敬地回答。

"那么，我可以给他打电话吗？"客户不死心地追问道，"我绝不谈公事！"

助理犹豫再三，最终答应了客户的请求。

当杰克逊先生一接通电话，客户就在这边大叫起来："你每小时的工作可以挣到40美元，你现在一下子就休息了5天，你算算，一天工作8个小时，你这样下去一个月就少挣1600美元，而一年就少赚12个1600美元，老兄，你这样做值得吗？"

杰克逊先生在电话里懒洋洋地回答道："如果我一个月多工作5天的话，一天工作8小时，虽然我能够多赚1600美元，但是我的寿命却将因此而减少4年，这样算来，损失就是48个1600美元，你觉得到底哪个更值得呢？"

客户闻言一时语塞。

当工作和生活发生了冲突，引起了矛盾时，你会怎么办呢？杰克逊先生果断地选择了休息，投身于大自然的美景当中，享受生活的无限乐趣，这样的选择无疑更加有利于工作，推动事业的发展。虽然"会休息才会工作"这个道理人人皆知，也了解硬撑着会使工作的效率降低，但有的人还是不愿意将宝贵的时间"浪费"在休息上。但是通过杰克逊经理算的那笔账，我们应该足够清醒地认识到——把工作当成生活的全部，是多么愚蠢的行为啊！

我们虽然要对懒散的坏习惯避而远之，但是过于"勤快"也未必就是什么好习惯。李宗盛在一首歌中这样唱道："忙、忙、忙，忙得没有了方向，忙得没有了主张……"其实一心低头忙碌的人们，就像是一只只的陀螺，因被不停地抽打而一直转动着，这使得他们陷在了一种状态里，连自己都不清楚自己该做些什么，总是在毫无意义地忙碌着。如果不花时间思考，只顾拼命工作，这样只会让愈来愈多的事倍功半的事情发生。只有事前多做一些准备，多增强自己的实力，才会事半功倍，将工作完成得更好、更出色。

小安是一家知名外企的工作人员，最近他怀疑自己患有严重的健忘症。

刚和客户定好见面时间，可是一放下电话，他就记不清到底是10点还是10点半；原本说好一进公司就立即给客户发传真，可到了办公室就忙东忙西的，就将这件事给忘得一干二净，直到对方打电话来询问……

小安感觉到在进入公司后的这半年时间里，他每天都像陀螺一样，忙得天昏地暗，而他越来越支撑不住了。

"你根本就想象不出这种忙碌与压力是多么地恐怖，每个人都被自己的工作搞得晕头转向，没有谁有空闲的时间帮你。而现在对于我来说，上班下班之间已经没有什么明确的界线了，加班到晚上10点更是家常便饭，每天都使得自己身心俱疲。有时候也想放个假休息一下，可一想到假期结束后还会有那么多的活等着我，而且还会由于休假积攒更多的工作，我便放弃了这个想法。"

据中外企服务总公司与中国对外服务公司联合公布的外企职工职业生活调查报告，我们可以看出：外企职工在享有高收入的同时，也承受着与之相应的高强度的工作压力。

但是，"工作狂"们，无论他们是心甘情愿，还是逼不得已，目的都是为了在赚钱中实现自我价值，证明自我能力。这本没有什么不对，而且正是因为有了这些兢兢业业的人们，才会创造出更大的社会财富。但是漫漫人生

路，只有真正懂得享受生活的人，才不枉在这世上走过一回。首先，要保证自己拥有健康的身体，以及充沛的精神去应对一切纷繁复杂的事情。并且还要注重饮食健康，讲究营养均衡，不要养成抽烟、喝酒的坏习惯。其次，要保持心态的健康和稳定。大多数情况下，名利欲望、急功近利、消极悲观或者满腹牢骚等都不利于缓解紧张和疲劳。所以，下班后首先要做的就是抛开一切烦恼和压力，让身心回归安定的状态。

如果每天的生活只围绕着工作打转儿，那么生活就一定是索然无味的。因此，要做到兼顾休闲和工作，同时也要做到合理分配。工作和休闲都是生活中不可或缺的一部分，但调查结果却显示，大多数人习惯于占用原本应该休闲的时间工作，或被一成不变的工作消磨得不能自已。结果虽然他们的工作能力得到增强，但休闲能力却愈来愈差。最常见的表现就是：人们总是在工作时一心想要休息，但真正休息下来时却又想着工作，结果当然是两败俱伤，既没有提高工作效率，又没能充分地休息，使自己更加疲惫。

如果你也深有同感，那么就请放慢生活的脚步，学会放松身心，懂得适时休息。

大多数医学专家都认同，心情轻松，吃东西更容易消化；而心情紧张，则易得胃病。心情轻松的人容易较快地入眠；而心情紧张的人则经常失眠。面对任何事情都能够从容不迫的人一定会长寿；而总是紧锁眉头、容易紧张的人必定会早亡。犹太人可谓是这个世上很精明的族群了，让我们一起来看看他们是怎么对待这个问题的——中国有句古话：活到老，学到老。而犹太人就是生活到老赚到老，他们一边计算着自己的生命，一边用挣来的钱享受生活。他们既忙碌又悠闲，懂得利用时间获取财富，也懂得爱护身体享受生活。那么我们是不是也应该在拼命挣钱的同时也好好享受一下生活呢？

方法 10

工作生活两不误

当代社会中，由于就业压力日趋沉重，所以很多人都把工作看得十分重要，这本是无可厚非的事情。但是，由于很多繁忙的职场人士都认同"对于我们来说最重要的事情就是工作和赚钱"这一观点，从而放弃了许多可以享受生活的机会，最终变成了名副其实的工作机器。他们没有时间与家人团圆，与朋友小聚，而外出旅游对于他们来说更是一种奢侈的向往，因此他们丧失了许多原本应该拥有的快乐。

当越来越多的职场人士发现并注意到这一问题时，他们不禁感慨道："我们工作和赚钱的目的何在？"逐渐地，他们明白了："工作和赚钱是为了享受更好的生活，但生活绝不仅仅只是工作。"事实确实如此，而这一观点也更加关注我们的生活质量和品位，更贴近我们的内心世界。

同在英国的某个小镇上，生活着一个以沿街说唱为生的年轻人和有一位背井离乡，孤身一人，不远万里前来这里打工的妇女。因为他们经常在同一家小餐馆里用餐，屡屡相遇，渐渐交谈，便成为了朋友。

这位妇女觉得这个小伙子人很好，就关切地向他建议说："沿街卖唱并不是一个长久之计，还是去找一个正当的职业吧。你要是愿意的话，我可以介绍你到中国去教书，在那里，你可以拿到比现在高出许多的薪水。"

说完后，年轻人先是愣了一下，紧接着便反问道："你的意思是说，我

现在从事的职业不正当吗？对于现在这份工作，我很喜欢，也很满足，它不仅能够带给我快乐，也会将这份快乐传递给其他人，这难道不好吗？我为什么要漂洋过海，告别亲朋好友，舍弃家园故乡，去到一个陌生的国度，做我不喜欢的工作，过我不喜欢的生活？"

邻桌的英国人听到这段对话也诧异不已，他们想不明白，为什么只是为了区区几张钞票就抛弃妻子，远渡重洋，这样的日子究竟有什么意思。原来，对于他们来说，最大的幸福就是一家人团团圆圆，平平安安，这无关于财富的多少、地位的贵贱。

从此，小镇上的人们便开始同情起这位妇女了。

通过这个小故事，我们可能会引发一些反思，在重要性这个层面上，事业与生活的地位应该是平起平坐的。如果一味地追求事业，往往就会忽视生活的质量。当然，也不能过于追求生活的质量，否则它就会成为事业上的绊脚石。事业上的成功取代不了生活带给我们的快乐；同样，生活的甜蜜也不能代替事业成功带给我们的喜悦。

事业与生活两者之间的关系十分微妙，在生活众多的元素之中，最重要的当属家庭感情，但有些人总是认为，家庭与事业不可能兼得。其实，事业与家庭两者并不矛盾。我们最应该关心的问题就是如何可以使两者兼得，同时又要保持它们之间的平衡。我们在努力工作，赚钱养家的同时，也应该尽量让家庭成为我们事业的后盾。我们可以在忙碌的工作之余，适当地放松一下自己。不要总是把工作带回家里，下班后就尽量抽出空余的时间去享受和家人在一起的美好时光吧！这样，在精神得到享受的同时，工作上的压力感也会随之舒缓，第二天的我们便又可以神采奕奕地投身于新的工作中了。千言万语汇成一句话，家庭是事业的支撑，事业是家庭的保障，切不能顾此失彼。

努力工作，但更要努力地享受生活，美好的人生应该是对生活充满热情，对工作饱含激情。所以，从今天开始，试着将自己的工作效率提高，尽量在8小时之内做完所有的工作，并将空余的时间，按照自己的想象，尽力安排得更加丰富多彩。这样，你不仅可以获得更多的乐趣，更会使工作上的压力得到舒缓，人也会变得更加神清气爽。

总之，努力工作，享受生活，调整好两者之间的关系，做到工作生活两不误，工作与生活一色，让享受和成绩齐飞。

方法11

正确并快乐地享用时间

人们很早就认识到时间的珍贵性，并提出诸如"时间就是金钱！""时间就是生命！"等深入人心的观念。在经济不断发展的今天，人们越来越重视效率问题，而"时间成本"这一概念也应运而生，成为人们工作、生活中必不可少的考核指标。

为了压缩时间成本，很多人，特别是职场人士，想出了各种各样的方法。例如，交流时尽量通过电话进行，以此来减少如果直接见面而浪费在路上的时间成本，而打电话前也必须要做好准备，通话时直奔主题，不说或是尽量少说不重要的废话；或是，不为省下一点小钱而浪费更多的时间，绝不做类似于为省两元钱而排半小时队或是为省五毛钱而走三站地等"一分钱智慧几小时愚蠢"的事情。这些做法，无疑会在一定程度上有助于我们节省更多的时间，而且我们还可以利用这些省下来的时间完成更多的工作，从而获取更

大的经济利益。

而且，当今社会上，越来越多的人都认为"不产生价值的时间"就是无意义的消耗，甚至是浪费生命的表现，是比浪费金钱更为奢侈、更不值得被原谅的行为。一篇法国小说中这样写道："我投下20法郎在唱机盒里，点那支已在戛纳听过的乐曲，平添了6分钟的忧郁。"

有些人看到这句话，不禁感慨道：不仅花了钱，更白白浪费了6分钟时间，结果仅仅是徒增忧郁！这不仅是一种奢侈，更是最大的浪费。

由此看来，"时间成本"的范围已不仅仅只适用于工作，更是延伸到了生活中的每个角落，就连我们想要享受生活时都必须要考虑时间成本。

一位女士曾写过这样的话语：

"我每天花4小时时间锻炼身体，其中包括起床时花半个小时躺在床上按摩逐渐隆起的腹部，花1个小时来回于健身中心，花40分钟在健身中心里游泳，然后再花半小时时间蒸桑拿及洗澡，20分钟换衣服，最后各花半个小时时间用于在午饭后及晚饭后散步。"

有人为她算了一笔账，如果她每天都这样锻炼身体的话，大约能再多活10年。但是，现在她每天花在锻炼身体上的时间就占了一天时间的1/6，比起日后多活的那10年，而且是更加老朽不堪的10年，这样算下来根本就不划算。如果用这些时间工作的话，会多赚多少钱呢？有了这些钱以后，就可以更好地享受生活了。

这种算法，表面上看起来似乎很有道理，但只要仔细想想，就会发现问题所在。其一，每天花4个小时锻炼身体并不仅仅是为了多活10年，我们锻炼身体的目的不只是为了延年益寿，更重要的是享受运动的过程；其二，虽说可以把这些时间用来工作，进而赚取更多的金钱，可是，原本8小时的工作时间已经让我们筋疲力尽了，为什么还要把本应好好休闲的时光再用来工作赚钱呢？其三，大家所谓的更好的生活是怎样的呢？无非就是过得悠闲快乐，那这又和我们现在的生活有什么本质区别吗？

很多时候，我们都应该不计时间成本地去"做自己想做的事"，这应该被称为"幸福地享受空余的时间"。除了工作、吃饭、睡觉以外，如果我们把剩下的大部分时间都用这种方法来度过，那将会无比快乐。这些时间不需要产生什么经济价值，它只要让我们觉得舒服和快乐就好。

如果以纯粹的经济眼光去衡量的话，当一个人每天只睡4个小时，且剩余的时间都在工作，那么在创造价值方面才是最划算的。然而，人生在世，短短几十年，如果我们将一生的时间都用在创造财富和价值上，那不简直是太可怕，也太可怜了吗？那我们还能称之为一个"人"吗？那我们与时时刻刻都不停运转的机器有什么不同呢？

由此看来，一个人在其一生中，必须拿出一部分的时间用来享受生活，而且每天都要正确地"消费"掉几小时时间，只有这样，才会幸福。有一段形容法国人生活的话是这样说的："工作在春天，度假在夏天，罢工于秋天，过圣诞于冬天。"从这我们可以看出，法国人真是享用时间的高手，法国的首都巴黎是个众所周知的浪漫之都，如果不能随性地享用自己的时间，那从何而来浪漫的情趣呢？

如果你已经感到工作压力过大，那么尝试给自己放个小假，哪怕只有几个小时或者是几天也好，去做一些自己一直想做却又害怕浪费时间的事情吧。诸如去爬爬山、打打球、溜溜冰、散散步、聚聚会、读读书、收拾收拾屋子，或者干脆什么都不要做，沐浴在冬日温暖的阳光中，或是享受夏天傍晚舒适的凉爽。不过千万不要产生任何罪恶感，因为这些都是"正确地享用时间"，你要做的就只是心安理得地享受就好，体会心灵上获得的快乐感觉。虽然它并不能带来任何的社会或经济价值，但是，它足以让我们拥有更加健康、更

加快乐的身心,这难道不是这世界上最划算的"消费"吗?

所以,不要再去算计如果做想做的事情到底会花费多少时间成本了,因为与时间成本相比,这种短暂的享受所带来的减压价值更为重要。让我们一起学习如何享受生活,正确而快乐地享用时间吧!

第十一章

音乐陶冶减压法
——让身心彻底空灵

我们总是喜欢在开心的时候听一些欢快的音乐,在难过的时候听一些悲伤的音乐。因为在音乐中我们能够找到共鸣,舒缓压力,放松自我。然而要想通过音乐真正达到舒缓或消除压力的目的,那绝不是简简单单地听听音乐、放松放松身心就好,而是要处于一种"转换状态"的意识中,自由地发挥想象力和创造力,体验生命的美感,感受内心世界的丰富。

方法 1

音乐如药，有效减压

音乐通过深入到人们的情感世界和潜意识里，以此完成左右我们的情绪，进而达到心理治疗的目的。同时，我们也可以利用音乐放松紧张的身心，舒缓紧张的情绪，消除工作生活中的心理压力。

音乐不仅可以抚慰我们受伤的心灵，并与之产生共鸣，更可以释放出心中的不良情绪，使我们焦躁不安的内心重归平静。所以说，音乐如药，具有可以唤醒人们沉睡心灵的疗效。

音乐是最好的心灵补品，也是潜意识的表达语言。相较于显意识，潜意识的天地更为宽阔。当我们陷在狭小的意识泥沼里无法自拔时，乐观向上的音乐可以为我们展示出一片更加宽阔的空间，让我们在其中忘掉一切烦恼忧愁，并舍弃显意识对生活偏执的反照，从而舒缓狭隘意识带给我们的精神痛苦。

音乐还具有疗伤的功效，而音乐疗法则是通过两个途径——生理和心理来为我们疗伤的，音乐的声波频率和声压则会引起我们生理和心理上的反应。科学家们认为，当人们处于优美动听的音乐环境中时，有助于改善自身神经、心血管、内分泌和消化系统功能，增进体内活性物质的分泌，而这种物质不仅有利于身体健康，更可以调节体内血管的流量和神经传导。音乐治疗的疗效共有以下几个方面：

1.能够释放坏情绪，提高表达能力。

2.消除压力，排忧解烦。

3.提高身体及情绪功能，并增加情商。

4.改善调节人际关系的能力及处世的技巧。

5.消减不恰当行为的发生次数，增强自制能力。

6.提高学习兴趣，增强身体灵活性。

7.集中注意力，提升定力。

8.增强个性气质。

9.有利于加快自我成长速度，实现自我价值，确定人生方向。

10.消除并治愈各种身体疾病。

音乐是我们最亲密的伙伴，可以与我们的心灵共同起舞。当我们因情绪消极而感到心烦意燥时，当我们被严酷的生活逼到崖边上，请记住还有音乐陪伴着我们。为自己的心灵打开一扇窗，然后将音乐放进来，那么我们的内心就会因音乐的旋律而去除杂尘。

所谓音乐减压法，绝不是简简单单地听听音乐就好，而是要处于一种"转换状态"的意识中，自由地发挥想象力和创造力，体验生命的美感，感受内心世界的丰富，从而使身心得到深度的放松，达到舒缓或消除压力的目的。唯有处于这种状态之下，音乐才会随心灵起舞。

方法 2

在好音乐中舒缓压力

音乐疗法是自然疗法的方式之一，它可以提高人们大脑皮层的兴奋性，令人感到轻松愉快，调节人们的情绪，激发人们的情感，鼓舞人们的精神。同时它还有助于消除各种不良心理状态，如因心理或是社会所造成的紧张不安、焦躁易怒、消极忧郁、恐怖心慌等，有效提高应激能力。

音乐之所以会对人体产生影响，那是因为它特有的旋律与节奏，会降低血压，减缓新陈代谢和呼吸的速度。面对压力，如果有音乐的存在，那么身体产生的生理反应就会较为温和，而压力也会快速得到舒缓或是直接消除。

人是一个统一体，包括本我、自我和超我。好音乐能够激发本我中受抑制的本能，能够帮助释放和控制在自我中的消极情绪，能够升华在超我中的认识和情绪，从而使人达到一种精神境界，一个非现实的、清新脱俗的、梦境般的境界。所以说，感受生命最好的途径便是音乐，特别是当情绪极其恶劣、心态极度消极的情况下，通过音乐，我们便可以体会到生命的真正意义——认真感受生活中一点一滴的美好。

心灵中最积极的元素非音乐莫属，通过音乐，失落便会消散，沮丧也会融化，怀疑更会清除。这就是音乐的魅力所在，它能够与杂乱无章的内心产生共振，进而如同舞蹈一般，欢快地跳跃于我们的灵魂深处。不仅如此，音乐还可以舒缓我们的压力，大多数人一听到自己喜爱的音乐后，就会"性情大变"，或从心烦意乱转为内心平静，或从忧郁不安变得兴奋不已，或从焦躁易怒转为轻松入眠，或从碌碌无为转为斗志满满……这些都是音乐的妙用，可以将内心的不良情绪通过发泄、引导或安慰加以缓解。

好音乐可以为我们的生命增值。生活中好听的音乐无处不在，它不仅可以表达出我们内心深处最深切的爱意、最美好的祝福，更可以扫除我们心中的尘埃，还我们一个充实的人生和一份永恒的幸福之感。

压力，已经成为都市人的现代病之一，是每个人都无法避免的烦恼。快节奏的工作，重压之下的生活，甚至是扰人的情感问题，都使得人们更易精神紊乱、身心俱疲、情绪消极。专家认为，音乐会有利于人类的健康状态。

然而，由于生活经历的不同，每个人对音乐的欣赏习惯也不尽相同，从而对音乐的选择和联想内容上自然也不会一样。因此，在音乐的选择上，一切都要以个人特点为前提，原则上，只要自己喜爱的作品都可以任意选用。

好音乐可以消除心灵障碍，下面就让我们一起了解一些常见的能够起到减压放松效果的音乐作品：

1.可以联想到草地的音乐作品推荐

《第六交响乐》第二乐章（贝多芬）；《杜鹃之歌》（戴留斯）；《达夫尼斯与克罗尔》第二乐章（拉威尔）；《在中亚细亚草原上》（鲍罗廷）。

2.可以联想到高山的音乐作品推荐

《第二交响乐》第二乐章（布拉姆斯）；《夜曲》（德彪西）；《大峡谷》组曲的"日出"（格罗夫）；《第四交响乐》（马勒）。

3.可以联想到溪水的音乐作品推荐

《第九交响乐》第三乐章（贝多芬）；《罗马的松树》第二乐章（雷斯皮基）；《伏尔塔瓦河》（斯美塔那）。

4.可以联想到大海的音乐作品推荐

《大海》第一部分（德彪西）；《谜语变奏曲》第八、第九段（艾尔加）；

《罗马的松树》"阿比亚街之松"（雷斯皮基）。

5.可以带来自我安全感的音乐作品推荐

《第二钢琴协奏曲》小行板（肖斯塔科维奇）；《第二交响乐》行板（卡林尼科夫）；《第二交响乐》柔板（拉赫马尼诺夫）；《第五钢琴协奏曲》第二乐章（贝多芬）。

总之，目前音乐疗法已经成为一种新兴的减压良方。至于选择什么样的音乐以此来舒缓压力，由于个人喜好的不同，无论选择古典的、浪漫的、现代派的，还是选择摇滚乐、爵士乐，只要是旋律优美的音乐，都可以起到舒展人们情绪的功效。

方法3

放声高歌，消除压力

音乐对心理疾病的治疗有着特殊的作用，其中音乐疗法主要是通过对不同乐曲的欣赏使人们从各自的疾病情绪中走出来。殊不知，不仅是听，唱也能起到相同的作用。压力过大则会有害于身心的健康发展，而通过歌唱，人们可以放松紧绷的神经，从而消除压力。

其中，最有效的手段就是放声高唱。它不仅能够消除我们紧张、激动的情绪，还会增加我们面部肌肉的活动，有助于改善颈部疲劳，加快面部血液循环，同时还会增加人体的肺活量，减缓心肺功能的衰退，有"增氧健身法"之称。

俗话说得好，一唱解千愁。作为一项增氧运动，当心中积聚了太多的不良情绪时，就大声歌唱吧。通过优美的旋律，励志的歌词，以及唱歌时规律性的呼吸与运动，紧张情绪便能得到缓解。

关于放声高歌有助于缓解压力一事，路透社是这样报道的：英国伦敦那些背负着巨大压力的银行家们开始了一种新的放松方式，那就是放声高歌。而且歌手凯伦·霍查普菲尔还创立了唱歌减压的课程，同时配合使用瑜伽、亚历山大技巧以及呼吸运动法，有利于缓解紧张和压力。

有专家称，经常唱歌还可以预防和治疗某些疾病。通过对职业歌手的研究，德国法兰克福大学的专家们发现，唱歌时，人体免疫系统中的蛋白质——免疫球蛋白A的浓度大幅度增加，这有利于提高人体免疫能力。唱歌也是一种运动，是呼吸肌在特定条件下发生的，其好处并不亚于跑步、游泳、划船等运动项目，而且相较于普通人，许多职业歌手的寿命要多出10余年。

医学研究还表明，唱歌可以在一定程度上减少打鼾症状的发生，例如选择一些可以锻炼嘴后部和咽喉上部肌肉的歌曲，以此强化软腭肌肉的运动能力等。

对于那些经常暴饮暴食的肥胖患者来说，经常放声高歌也有益于减肥。专家曾经说过，想要减肥，就必须要先燃烧脂肪，其中中性脂肪则是最先燃烧起来的。而唱歌正好有助于燃烧脂肪，若可以载歌载舞，那消耗的脂肪就会相当可观。

专家还作过关于氧气消耗量的研究，一个人唱完一首歌和跑完100米后所消耗的氧气量相当，因此也可以说，唱一首歌等于跑步100米。

但是，我们必须要注意的是，唱歌虽然会带给我们身体诸多的好处，但这并不意味着多多益善。如果唱歌时间过久，对声带极易造成伤害，从而引起种种不适，诸如咽喉发痒疼痛、声音嘶哑等。所以，唱歌最好采取唱15分钟，休息10分钟这种方式，并如此循环往复。

方法 ④

在轻音乐中放松自我

当今社会，受到失眠困扰的人越来越多，据资料显示，世界上每5人中就有1人存在入睡困难的问题。有时即使躺在床上，闭上双眼，也会因想着各种各样的事情而辗转反侧，难以入眠。这其实是很多人的真实生活写照。

由于生活的节奏愈来愈快，工作量的愈来愈多，人们的大脑活动常常处于连续、快速运转之中，得不到应有的休息和复原机会。巨大的精神压力，使人们在心理上也经常产生一种消极情绪，诸如紧张、沉重、不安和忧虑。

只有那些夜不能寐的人才会真正感受到失眠的痛苦，因为吃药会带来很多副作用，于是人们就想出了各种治疗失眠的方法，例如数绵羊或是喝牛奶等。压力过大，愁事繁多，失眠怎么办？让轻松的音乐伴你入眠。

轻松的音乐可以起到催眠的作用，它可以帮助人们解决睡眠问题。因为音乐的节奏对人体的荷尔蒙以及肾上腺素分泌都有着很大的影响，所以选择适当的音乐有助于改善失眠症状。

用音乐解决失眠烦恼，比药物解决更为有效，因为它是通过改变人的精神状态进而达到治疗效果的。而音乐之所以能够安抚心灵，其原因不仅仅在于旋律和节奏，它的物理作用也十分重要。

莱温是俄罗斯卫生部睡眠研究中心的主任，他曾说过，听轻音乐可以平稳人的心情，使之呼吸均匀，有益于缓解失眠症状。而最新的研究也表明，睡前听45分钟轻柔舒缓的爵士乐，可使失眠患者入睡更快且睡得更久更安稳。除此之外，缓慢而柔和的民乐和器乐旋律（每分钟约 60 拍）也是治疗失眠的良方。

其实，早在古希腊时代，就有文献记载过以音乐治疗失眠这一方法。多伦多大学凯尤莫夫教授表示，只要是令人感到轻松自在的音乐，都有助于舒缓失眠患者的精神紧张状况，所以，在治疗失眠方面，以音乐代替药物也许将成为一种趋势。

音乐可以舒缓心灵沉重的压力，放慢快节奏生活的脚步，其中，轻音乐又因可以抚慰人们疲乏的心灵而受到人们越来越多的喜欢。安详、平缓的"轻音乐"可谓是音乐中的轻武器，它便捷、通俗、小巧、可接受度高，同时还具有广泛的社会意义和调节精神的作用。

轻音乐如同生命的清泉，它会将宁静渗透到你内心的每一个角落。无论是在风暴来临之前，还是在孤单失意之后，这股暖流总能深深地安抚你的内心。

轻音乐所具有的独特韵味和美感，既不同于古典音乐，也与流行音乐不甚相似。它在旋律、和声、配器、音色、情调等方面都给人以全新的感受，从而产生了专属于轻音乐的美感。下面就为大家推荐一些对缓解压力、克服失眠都有不错效果的轻音乐：

1.班德瑞的轻音乐

代表作：《安妮的仙境》、《追梦人》、《春野》、《初雪》、《海王星》、《迷雾森林》、《森林之月》、《下雪》、《静静的雪》、《安迪姆斯》、《蝴蝶》、《日本女孩》、《马可·波罗》、《日光》、《普罗旺斯》等。

2.钢琴王子理查德·克莱德曼的轻音乐

代表作：《蓝色的爱》、《梦中的婚礼》、《秋日的私语》、《少女的祈祷》、《海边的祈祷》、《星空》、《秘密花园》、《威尼斯的旅行》、《爱的纪

念》、《爱之梦》、《绿袖子》、《德朗的微笑》、《柔如虹彩》、《梦里的故事》等。

3.环保音乐家马修·连恩的轻音乐

代表作：《布烈瑟农》、《海角乐园》、《飞鼠溪》、《栖兰山雨》、《独角兽》、《归乡之翼》、《宁静的安息》、《蓝光》、《北极心》、《大地之母》、《万马奔腾》、《归乡之路》、《哭泣的雪特莱》等。

事实上，轻音乐并没有任何深刻的思想内涵，它只会带给人们轻松优美自在的享受，其主要表现为轻松活泼。轻音乐巧妙地将各种浪漫的情节、诗意般的生活活灵活现地展现在人们眼前，令人陶醉其中。尤其是忙碌了一整天的人们，抽出一点时间去听听轻音乐吧，你会突然发现，原来在这喧闹的都市中，让身心重回宁静是一件多么舒适且幸福的事啊。

方法5

在音乐中消除内心的孤独

现代人生活的压力实在是太大了，人们一边片刻不停地忙碌生活着，一边却深陷在喧嚣、热闹之下，忍受着孤独和迷惑。

电影《购物狂》中曾有过这样的一段道白："现在都市生活压力之大，如果没有点儿病，那就不算是人了，偶尔有点不正常那都是很正常的。"这让那些喜欢将自己的怪癖藏着掖着的人们，突然从别人身上看到了自己的影子。

在这个钢筋水泥铸造的现代都市中，人们越聚集越多，而生存竞争的压力也会随之越来越激烈，从而导致人们变得愈发孤独。因为我们无法回避城市，所以就必须面对孤独。

要想在繁华喧闹的都市生活中过得更好，我们就不得不去努力、去奋斗。然而，随着竞争的日益激烈，大部分人总是活在失业的阴影之下。所以，为了能够更好地生活，我们不仅要付出汗水与泪水，更要适时地改变自己的性格。

其实，我们每个人都会感到不同程度的孤独，尽管我们可以把自己一天24个小时都安排得满满当当，或是在不停地工作，或是和朋友们小聚聊天品茶，然而孤独感始终会在不经意间浮现出来。

身处喧嚣热闹的都市之中，你是否也曾有过这样的感受：游荡在熙熙攘攘的街头，看着人群来来往往，忽然之间就觉得自己十分孤独，如同是大风大浪中的一片孤叶，所有的呼喊、激情、澎湃都与自己无关。你呆立在街头，焦虑不安，不知道下一步该往哪儿走。

当我们感到孤单寂寞时，好听的音乐可以消除我们心中淡淡的忧伤。曾有一位这样的女孩，她因为失恋，每天都沮丧不已，终日郁郁寡欢。专家对接受音乐治疗的她说："你不是十分热爱音乐吗？尝试学习一种乐器吧。如果你不怕重的话，大提琴是个很好的选择，你可以把它想象成失去的男朋友，天天抱着它、拉它，坚持下来，你就会发现自己的心情正慢慢变好。"后来，迷恋上了大提琴的女孩，确实不再感到孤独。

沉溺在孤独中苦苦挣扎的人们，选择一种乐器吧，并将它想象成自己最心爱的伴侣。虽然它不会像宠物一样发出声响、做出表情，不过当你熟练地演奏起它时，它能更好地跟你对话，释放你内心所有的感情。

听一些治愈系的曲子也是消除孤独的好方法之一。此时，维瓦尔第的《四季》是必听曲目。放下心中一切杂念，安静地等待它弥散在你的思绪当中。在短短的几分钟时间里，你便可以感受到四季的变幻。

当然，还有很多音乐都有益于消除心中的孤独，比如：

1.贾鹏芳的轻音乐

代表作：《二泉映月》、《竹田摇篮曲》、《岛歌》、《睡莲》、《浪漫武藏》、《光舞》、《天狼星》、《博大的爱和理想》、《冬舞》、《人生的天空》、《远雷》、《上路》、《山雪》等。

2.久石让的轻音乐

代表作：《夏天》、《天空之城》、《幽灵公主》、《菊次郎的夏天》、《少年的黄昏》、《夏天的路》等。

3.女子十二乐坊的轻音乐

代表作：《流云》、《敦煌》、《辉煌》、《大峡谷》、《自由》、《奇迹》、《紫禁城》、《世界上唯一的花》、《梦里水乡》、《如川流的河水般》、《蝴蝶》、《胜利》、《东方动力》、《刘三姐》、《赛马》等。

消除孤独必须选对音乐。例如，心情忧郁的人可以选择听一些伤感的音乐，无论是悲痛的圆舞曲，还是任何带有忧郁成分的乐曲，都极具美感。当心灵沐浴在这些乐曲的美感之中时，心中的忧郁自然就会慢慢逝去。

方法 6

在音乐中实现意识转换

音乐减压法与通常意义上我们所说的听音乐、欣赏音乐是有本质区别的。大多数情况下，人们在聆听音乐时，意识清醒，思维理智。一些人会边听音乐，边聊天、看书、思考或是跳舞，此时，音乐并不能吸引他们所有的注意力，而只是一个气氛的背景。还有一些人，他们虽然专注和陶醉于音乐之中，但音乐对于他们来说，只是一个审美的客体，也可以算是一个欣赏的对象，他们并不会使自己的内心体验真正与音乐融为一体，因此音乐对他们的影响，无论是精神上还是生理上的，都是极其有限的。也就是说，当人们状态清醒时，多半会下意识地过滤掉音乐对身心的深层作用。

所谓音乐减压法，绝不是简简单单听听音乐、放松放松身心就好，而是要处于一种"转换状态"的意识中，即一种游离于意识和潜意识之间的状态，自由地发挥想象力和创造力，体验生命的美感，感受内心世界的丰富，从而使身心得到深度的放松，达到舒缓或消除压力的目的。

在这种练习中，音乐可以引发包括色彩感、形象感、运动感甚至触觉、味觉等在内的丰富的视觉想象，让人们在音乐中自由地想象，深刻地感受大自然和生命的美好，从而在心理上产生所谓的"高峰体验"。长此以往，你日常的心理状态就会得到改变，长期处于一种良好和积极的状态之中。

通过音乐减压法达到进入"转换状态"时，一般情况下需要治疗师的语言引导和暗示，但自我暗示也可完成。很多方式都可以帮助我们达到放松的状态，诸如气功、瑜伽功、肌肉渐进放松训练、催眠、打坐等。在身体达到放松状态后，便可以选择音乐进入想象了。在音乐中任情绪和思想飞舞，充分、自由地发挥想象力，感受心中各种的美好。而在完成想象之后，就要一步步引导自己慢慢回到现实当中，恢复日常的意识状态。

Tomdot 强调，使用音乐减压法时必须要注意两大事项：一是此方法不适用于患有精神疾病的人群，如患有精神分裂、人格障碍、躁狂、抑郁等病症的病人，因为他们分辨不清幻想和现实的区别。另外，此方法也不太适用于那些患有严重的精神痛苦和创伤的人，因为音乐可能会再次触碰到他们内心的痛苦，造成二次心理创伤。对于这些人来说，最好的减压方法应该是去寻

求包括音乐治疗在内的专业心理治疗机构的帮助，而不是私自进行音乐治疗。二是在音乐背景的刺激下，可以在转换状态中充分、自由地发挥联想，并任意选用喜爱的曲目。专家推荐给我们的音乐作品仅仅是一个建议，万万不可将它们机械地当作"处方"使用。由于每个人的生活经历不同，所以对音乐的欣赏习惯自然也就不同，从而导致在音乐的选择上和联想的内容上也就不尽相同。所以在选择音乐时，必须要以个人特点为前提，原则上只要是自己喜爱的音乐作品都可以任意选用。

那下面就依不同功效为大家推荐一些音乐作品：

催眠功效：《仲夏夜之梦》（门德尔松）、《催眠曲》（莫扎特）

排忧解烦：《第四十交响曲 g 小调》（莫扎特）、《蓝色狂想曲》组曲（格什温）、管弦乐组曲《海》（德彪西）

缓解疲劳：《卡门》（比才）

鼓舞人心：《命运交响曲》（贝多芬）

增进食欲：钢琴组曲《图画展览会》（穆索尔斯基）

消除悲伤：第六号交响曲《悲怆》（柴可夫斯基）

第十二章

饮食调整减压法
——成为生活的主人

俗话说，民以食为天。每个人都抵挡不了美食的诱惑。再加上中国是世界上最重视"吃"的国家，且经过数千年的发展，更是形成了博大精深的"食文化"，其中，更是有川、粤、苏、湘、闽、徽、浙、鲁八大著名菜系。但是，我们不能只顾美食，更要一日三餐饮食规律，营养均衡，并注意饮食习惯。让我们一起吃出健康，吃走压力！

方法 1

吃走压力

一日三餐，既是人们维持生命的最基本要素，也是保证身体健康的重要前提。随着人们的生活和工作压力日益增加，养生受到了人们愈来愈多的关注，而这其中健康的饮食则是非常重要的一方面。

医学研究发现，某些食物中含有的成分，确实有利于帮助人们消除抑郁，恢复轻松愉快的心情。因此，当你心情压抑时，多吃一点那些食物，并有效摄取其中特含的营养成分，这样你的坏心情就会消失不见。

例如：鱼是消除抑郁的最佳食物，而其中效果最好的当属深海鱼类。研究表明，在海边生活的人们通常比较快乐，因为鱼产品是他们的家常便饭，而鱼产品中富含一种被称为脂肪酸的物质，它可以使体内某种神经质的水平得到提高，从而减轻甚至消除抑郁的情绪。大多数的鱼类都富含这种物质，其中深海鱼类，诸如大马哈鱼、鳕鱼等含量最高。而且，深海鱼类中还含有大量的硒，它不仅可以维持人的精神处于良好的状态，还能调节人的思维模式。

还有，诸如核桃仁、柏子仁等干果，以及可以使精神兴奋的巧克力之类的零食等。如果坚持食用，都会缓解甚至消除你的抑郁情绪。此外，南瓜子或葵花籽等富含镁、铁等元素的食品，有助于改善忧郁症患者的情绪；面条可以提高人体内血糖含量，使人产生良好的感觉。

当然，我们一日三餐里常见的食物中，也含有许多减压的"基因"。

1.菠菜。它可以调节人的情绪,使我们的心情好转。研究发现,情绪不好,诸如出现忧郁症及早发性的失智等,都是由于缺乏叶酸造成的。而且研究还表明,一个人如果连续5个月都无法摄取足够的叶酸,那么他就极有可能会出现失眠、健忘、焦躁等症状。究其原因,是因为叶酸的缺失导致了脑中血清素的减少,从而导致忧郁情绪的产生。所以,要想有效地避免这种情况发生,必须经常食用菠菜。

2.樱桃。红艳欲滴的樱桃能够放松人们的心情。美国密歇根大学的科学家们研究发现,樱桃中含有一种被称为花青素的物质,它有降低炎症发生的作用,因此,相较于吃20粒阿司匹林,吃20枚樱桃对放松情绪更有效果。

3.大蒜。虽然是刺激性食物,但它的确可以使人们的心情变好。针对大蒜中含有的胆固醇,德国科学家在进行专门的研究后发现,人们在吃了大蒜或大蒜制品之后,相较之下,不易感到疲倦,或是暴躁易怒。

4.鸡肉。鸡肉中含有大量的硒。而英国心理学家班顿等人曾经做过这样的实验,让受试者食用微量元素的硒。普遍受试者在吃了100毫克的硒之后,都感觉精神更加充沛、思维更加敏捷;类似的报告美国农业部也曾发表过。因此,要想更加精神抖擞,多吃点鸡肉吧。

5.洋葱。研究发现,洋葱头有助于稀释血液浓度,改善大脑供氧情况,因而对于消除过度紧张和心理疲劳,以及集中注意力都有着积极的作用。但值得注意的是:只有每天吃至少半个洋葱头,才能达到效果。

6.南瓜。南瓜中含有丰富的维生素B6和铁元素。经科学研究证实,葡萄糖是维持人类大脑这台高智能"机器"运转的唯一燃料,而维生素B6和铁元素有助于将人体内储存的血糖转化成葡萄糖,从而满足大脑的需求。

7.葡萄柚。葡萄柚带有的浓烈香味,不仅可以使繁杂的思绪得到净化,还具有提神醒脑的功能。而且葡萄柚中还含有大量的维生素C,不仅能够保持

红血球的浓度，更能增强身体抵抗力，同时对消除压力也很有效果。此外，维生素C还是制造有助于增强人体抵抗力的多巴胺和正肾上腺素的重要组成成分。

8.全麦面包。碳水化合物可以增加人体血液中的血清素含量，所以多吃诸如全麦面包、苏打饼干等复合性的碳水化合物，有利于身体健康。

9.低脂牛奶。对于现代人来说，喝牛奶已经不是什么奢侈的享受了。妇孺皆知，牛奶具有补钙的功效。所以，多喝低脂牛奶有助于人体吸收更多的钙质，从而舒缓人们紧张、易怒、焦虑等不良情绪。

10.香蕉。现代科学研究发现，被誉为"智慧之果"的香蕉中含有一种叫作生物碱的物质，它具有振奋精神和提高信心的功效，而且人体中大部分的色胺酸和维生素B6都来源于香蕉，它们都有助于我们的大脑分泌血清素。

除了维持生命之外，食物还可以为我们解忧释压，带来感官的快乐和心理的抚慰。同时科学家们也观察到，人的情绪变化与食物有着密切的联系，有的食物可以使人变得快乐、安宁，但有的食物则会使人产生悲伤、忧虑、焦躁、愤怒，甚至是恐惧和暴躁的心情。其实，这其中的原理十分简单，就在于人体内的叫作血清素的物质。因为它具有稳定情绪、缓解焦虑的作用，而上述这10种食物都能够促进血清素的分泌，从而使人变得更加快乐。

如同人们现在常说的绿色食品一样，健康食品渐渐成为人们关注的焦点。除了上述的这些可以带来快乐的食物外，还有一些食物可以帮助你保持身体健康，对抗外部压力：

最佳蔬菜：红薯为万蔬之首，不仅含有丰富的维生素，更可以对抗癌症。紧接着就是芦笋、卷心菜、花椰菜、芹菜、茄子、甜菜、胡萝卜、荠菜、苤蓝菜、金针菇、雪里蕻、大白菜。

最佳水果：按照对身体的益处，依次是木瓜、草莓、橘子、柑子、猕猴桃、芒果、杏、柿子和西瓜。

最佳肉食：鹅、鸭肉为佳，因为其化学结构与橄榄油相近，对心脏的健康大有益处。

最佳汤食：鸡汤最好，其中又以母鸡汤效果最佳，可以防治感冒、支气管炎等，特别适于冬春季食用。

最佳食油：宜选用玉米油、米糠油、芝麻油等，植物油与动物油按照1:0.5的比例调配食用效果更好。

零食虽然被人们所诟病，但事实上，它并不是一无是处，相反一些零食还可以很好地养护脑部。各种壳类零食，诸如核桃、花生、开心果、腰果、松子、杏仁、大豆等，都有益于大脑。

健康的身体是抵抗压力的前提，而这些对身体有益的食物可以让你拥有一个更加健康的身体，所以，对它们多些偏爱，吃走压力吧。

方法 2

找到适合自己的早餐法

一觉醒来，我们体内储存的葡萄糖已被消耗殆尽，所剩无几，此时我们首先要做的就是补充能量与营养。然而现在很多人却不把早餐当回事，这样虽然省事，但对健康的影响却不容小觑，因为是否吃早餐，以及如何搭配早餐的食物，都会对人体健康产生极其重要的影响。

对于成年人来说，吃早餐还有助于维持体重。曾经有一项研究，以52名肥胖的成年人作为调查对象，其结果显示，吃早餐对全日脂肪的摄取量和吃

零食的次数都有削减的作用。但是，大多数想减肥的人却一直存在一个认识误区，认为不吃早餐就是减肥之道。

早餐应有充足的热能总量，同时还要有合理的搭配。一个人一天中禁食最长的时间就是从入睡到起床的这段时间，这时血糖浓度大约在 70~120 毫克/公升之间。当人体开始活动以后，肌肉会消耗糖分，当血糖浓度降到 60~65 毫克/公升时，饥饿感便会出现。如果没吃早餐的话，血糖就会供给不足，就会把肌肉中的蛋白质转化成糖分以满足肌肉与大脑的需要。但是，一般情况下，肌肉都无法提供足够的糖分，因此，大脑中的血糖浓度仍会非常低，这就导致了人们易感到疲劳，反应迟缓，注意力涣散，精神萎靡不振，工作效率低下。

正常情况下，早餐摄入的总热量应占人体一天所需的 30% 左右。同时也要注意配比的合理性，其中碳水化合物应占 60%~65%、蛋白质占 5%~20%、脂肪占 20%~25%。只有这种配比合理的早餐，才能够使血糖浓度保持在一个较高且稳定的水平上，从而确保整个上午都拥有充沛的精力。

不管是稀饭配咸菜，还是豆浆、烧饼和油条，从营养结构上来说，中式早餐的配比都不甚理想。如果习惯喝稀饭，那么可以在煮稀饭时加入一些小米或红豆，注意不宜过稀，这样可以使稀饭中蛋白质、矿物质和纤维素的含量大大增加。如酱菜等搭配的小菜，除开胃外，不宜加入过多钠盐，而应加入适当的可以增加蛋白质的物质，诸如肉松、蛋制品或花生米、豆腐干等。如果胃中还有空隙，可加食一些水果。如果习惯吃豆浆、烧饼、油条，可以搭配鸡蛋，或佐以一些鱼类、肉类、蔬菜等，前一天晚餐的剩菜就是不错的选择，最后以水果作为结束，这是最理想配比的早餐。

吃早餐时，人们为了节省时间，常常不等食物加热就匆匆塞进肚子里，也有些人习惯于饭前喝一杯冷饮或冷果汁来开胃。然而，毋庸置疑的是，身体永远喜爱温暖的环境，只有维持身体温暖，才能确保体内微循环的正常，以及氧气、营养物质及废物等输送的顺畅。早上刚起床时，人们的肌肉、神经及血管都呈现收缩的状态，如果这时食用生冷的食物，必然会导致体内各个系统血运不畅。如果早餐时习惯食用生冷食物，类似于蔬果汁、冰咖啡、冰果汁、冰牛奶、冰红茶、绿豆沙等，长此以往，就会对胃肠的消化吸收功能造成影响，导致各种状况的出现，诸如胀气、拉稀、皮肤变差、经常感冒等，人体的抵抗力也会随之降低，最终造成对食物的精华难以吸收的下场。

早上起床后吃的第一样食物应该是热的，诸如热的稀饭、燕麦片、牛奶、豆腐脑、豆浆、芝麻糊、山药粥等，同时配以适量的蔬菜、面包、三明治、点心、水果等。现代都市人习惯于在早上起床后喝一杯热牛奶，但是需要注意的是，牛奶易产生痰，以及过敏现象，而且并不适用于患有气管炎、肠胃病及皮肤病的人饮用，同时建议那些居住在潮湿气候地区的人们也不要把牛奶当作早餐。

根据人群的不同，吃早餐的意义和学问也不尽相同。

对于儿童而言，吃早餐对人体营养上的作用已无须多言，而且在能够影响学习能力与品行这一点上，近年来也已得到证实。有专家对1000名小学生的考试成绩进行分析，研究结果指出：相较于不吃早餐的学生，吃早餐的学生考试成绩更好。而且早餐的分量和配比也都与学习成绩密不可分。

给儿童提供的早餐应以稀饭、馒头和油炸食品为主，配以蛋制品、奶制品及肉制品等。但是，如今大部分的家庭都把牛奶配鸡蛋，或者烧饼配油条当作是儿童的早餐。表面上看起来这样确实是吃饱吃好了，但就饮食结构而言，这样并不合理。科学营养的儿童早餐应该是：荤素、粗细和干湿的合理搭配。以儿童的生理特点和热量需要为基础，配制的早餐应该具备足量的主食，如米、面和适量的副食，如动物性食品。

对于青少年而言，他们的身体发育较快，肌肉和骨骼同时生长，所以对

有助于生长发育的钙、维生素 C、维生素 A 等营养素需求量特别大。因此，适合于青少年的早餐是一杯热牛奶、一个新鲜的水果、一个鸡蛋，外加二两干点，主要是碳水化合物，类似于馒头、面包、饼干之类的。

对于中年人而言，他们正处于"多事之秋"，肩负着两大生活重任——工作和家庭，所以身心负担格外繁重。因此，为减缓中年人衰老的速度，他们的早餐中应该既要富含蛋白质、维生素、钙、磷等物质，又要保持低热量、低脂肪。所以，在饮品的选择上，最好选择脱脂奶，豆浆等，而在粮食方面，简单即可，不过不宜吃油条和过甜的食物，普通的馒头、面包均可，不过尽量避免油炸的为好。当然，吃个水果也是很好的选择。不过要是吃鸡蛋的话，只吃蛋清就好。

方法 3

午餐既要吃饱又要健康

我们总是被午餐问题困扰着，因为相较于早餐，它更让人费神，特别是对于那些经常不吃早餐，只靠几杯水就对付过一个上午的人来说，午餐就显得尤为重要。午餐，约占全天热能总量的 40% 左右，而且对于我们一整天的工作来说，可谓是起着"承上启下"的作用。

一到中午 12 点，上班族们就从一幢幢玻璃帷幕大楼里蜂拥而出，准备觅食。此时的他们都在思考着同一个问题：今天中午吃什么？在写字楼里工作的人们，常常为午餐的地点问题而感到头疼。他们当中大多数人总在午餐时在外面打游击，饮食毫无规律，只求填饱肚子，但这也会造成诸多隐患：

1.胃病：很多人都有过这样的经历——工作几年后，胃就在不经意间出了问题，大部分人都认为这是由于自己过多的社交应酬而造成的，其实不然，罪魁祸首其实是马虎的午餐。

2.精力不济、体力不支：现代职场人士，每天都在脑力与体力的双重压力下生活工作。在辛苦工作了一上午后，如果午餐只是敷衍了事，乱吃一顿，饭菜根本没有什么营养的话，那么下午的工作效率肯定直线下降。

3.厌食：大多数的上班族并不是因为过于忙碌而没了食欲，而是因为午餐的游击战让他们吃坏了胃口。要不就是担心小餐馆的饮食卫生问题，要不就是天天面对同样的饭菜没了食趣。

4.肥胖：人们为了弥补在午餐时没有得到照顾的胃口，通常会选择在晚餐时恶补一番，大吃一顿。而且自家的饭菜又合胃口，家人相聚的氛围也不错，所以自然也就吃得更加津津有味，不知不觉中就违背了"晚餐少食"的规律。时间一长，肯定会发胖的。

如果经济条件允许的话，商务套餐应该是上班族们的最佳选择。无论是从卫生方面还是从营养方面来说，商务套餐无疑是白领们解决午餐的最佳方式，美中不足的就是价格稍微贵了些。另外，必须注意的是，商务套餐中肉类原料较多，诸如猪肉和鸡肉等，所以蛋白质含量相对较高，再加上酒店的饭菜油水较多，所以相应的脂肪和热量的含量也较高，因此，对于那些有发胖趋势或是血脂偏高的人来说，在菜式的选择上应以清淡为主。

与商务套餐相比，盒饭具有便宜和菜色多样等优势，但从制作到配送的过程来说，间隔时间过长，而且还可能需要再次加热，营养的消逝显而易见，特别是会破坏其中的维生素C。因此，吃完盒饭后，应该多补充一点水果，喝一杯果汁，或是吃些新鲜的水果都是不错的选择。不过，一定要记住，水果应在饭后一小时后再吃，千万不能在餐间吃，否则会影响消化。

方法 4

正确处理应酬，晚餐一定早吃

随着生活节奏的愈来愈快，晚餐几乎成为了上班族们一天的唯一正餐。早餐担心时间，午餐心系工作，只有到了晚上，人们才能够真正地放松下来，安安稳稳地坐在餐桌前，心满意足地大吃一顿。但事实上，这有悖于养生之道。那么，晚餐究竟应该怎么吃才会更健康呢？

对于大多数的都市人来说，晚上有应酬，已经是"家常便饭"了。但是为了你的身体健康着想，在应酬时一定要注意以下几点：

首先，晚餐要适量，能吃多少点多少，主随客便。其中，特别要注意的是，肉类菜不要过量，一旦过量，则会导致人体呈现酸性体质，易产生疲劳感；而且过多的蛋白质只能依靠肾脏排泄出去，这在无形中又增添了其负担。特别是对于高血压患者来说，其肾脏功能早已受到损害，如果再通过肾脏排泄，无疑是雪上加霜，加重病情。

其次，要适当增加对豆制品和鱼类的摄入。因为豆制品可以降脂，而鱼肉中富含的不饱和脂肪酸同样可以起到降脂的作用。

再次，注意营养均衡，做到不挑食、不偏食，荤菜最多吃三种，且每样只吃一筷子。吃饭时一定要细嚼慢咽，且尽可能多吃一些蔬菜，并将蔬菜与荤菜的比例控制在 3:1 或 4:1 上下，这样即使摄入过多的肉类，增加的蛋白质也会随蔬菜中的膳食纤维一起排出体外。

最应该强调的是，虽然在应酬中喝酒是不可避免的，但为了自己的健康着想，喝酒一定要限量。喝一点点酒，尤其是红酒，有利于消化以及促进胃液分泌和血液循环。但是酒桌上劝酒、嗜酒和醉酒等行为，都有害于身体健康。此外，最好在酒后吃一点米饭，因为米饭在胃里可以形成一种食糜的物质，它可以长久地稀释酒精浓度，从而不易引发呕吐现象。还可以在饭后半小时吃点水果，但最好不要饮茶、吸烟，因为茶中存在一种叫作鞣酸的物质，它有碍于吸收食物中的钙、铁元素。

对于那些没有应酬，在家吃温馨晚餐的人们来说，只有一件事值得注意，那就是晚餐要早吃。

有关研究结果表明，晚餐早吃有助于降低尿路结石病的发病率。因为晚餐的食物里，富含大量的钙质，在新陈代谢的过程中，一小部分的钙被小肠吸收利用了，而剩下一部分的钙则通过肾小球的过滤进入尿道，然后排出体外。一般情况下，人体内的排钙高峰是在餐后 4~5 小时内，如果过晚食用晚餐的话，当你已经入睡后排钙高峰期才会到来，此时尿液便会存留在尿路系统中，如输尿管、膀胱、尿道等，不能被及时排出。这样尿中的钙量就会不断增加，从而极易沉积下来形成结晶体，时间一长，就会逐渐扩大为结石。

另外，晚餐的菜式一定要偏素，最好以富含碳水化合物的食物为主，而且应该多吃一些新鲜的蔬菜，少吃一点富含蛋白质、脂肪类的食物。在日常生活中，由于准备的时间相对充足，所以大多数家庭的晚餐都是十分丰盛的，但这却有害于身体健康。如果蛋白质摄入过多，而人体也无法全部吸收的话，过剩的蛋白质就会存留在肠道中，慢慢就会变质，产生有毒物质，诸如氨、硫化氨等，进而刺激肠壁诱发癌症的产生。如果脂肪摄入过多的话，还会导致体内血脂的升高。而且大量的临床医学研究证明，与晚餐经常吃素食的人相比，经常吃荤食的人体内血脂会多出 3~4 倍。

最后，相较于早餐和午餐，晚餐应该少吃。一般要求晚餐所供给的热量

不宜超过全天总热量的 30%。如果习惯于在晚餐时摄入过多热量，则容易引起体内血脂、胆固醇增高，久而久之就会造成动脉硬化和心脑血管疾病的爆发。如果晚餐吃得过饱，就会导致血液中糖、氨基酸、脂肪酸等浓度的增高，而人们在晚餐后活动量往往较小，从而热量消耗也就较少，在胰岛素的作用下上述物质就会转化为脂肪，最终导致肥胖。

方法5

夜宵吃得对，同样有益于身体

由于工作，不得不熬夜加班的"夜猫子"们，往往会在凌晨感到"饥寒交迫"，在这个时候吃点夜宵，补充一下能量是很有必要的。对于是否要吃夜宵，白领们常常顾虑重重，怕发胖和不健康是他们考虑的两大原因。事实上，如果能够注意营养搭配，不暴饮暴食的话，吃夜宵也是会有益于身体健康的。

在夜宵食物的选择上，应该以清淡、水分多和易消化的食物为主，避免在晚上造成胃肠更重的负担。

其实，人们对夜宵的需求度与吃晚餐的时间是密切相关的。在每晚 6 点钟左右吃晚餐是最科学健康的，因为晚餐与睡眠之间应该保证至少间隔 4 个小时。如果晚上感到饥饿的话，可以吃点夜宵，不过应该注意食物的选择，以诸如水果、脱脂牛奶、粗加工的粮谷类食物、全麦面包等具有饱腹感，且热量低、脂肪少的食物为佳，不宜选择那些精制的面包以及油炸食物。更要注意的是，睡前 4 个小时内最好不要进食，留给机体足够的时间排空肠胃，减轻负担，以此提高睡眠质量。

健康的夜宵首选非粥汤类莫属。粥类中富含淀粉，与水分充分结合后，不仅可以提供热能，又不失水分，而且还具有味道鲜美、润喉清嗓、营养丰富、易于消化等优点。而这其中鱼片粥、猪肝粥、牛肉粥则是大家食粥的首选。当然，八宝粥也是一个很好的选择，因为八宝粥的主要原料，诸如粳米、糯米、薏米等谷类，基本上都有补中益气、滋补身体的作用，常吃八宝粥，不仅能够起到养神清热、润肺和喘的效果，更有助于调养肠胃，消除工作压力。

加班人群中最"经典"的夜宵搭配，却隐藏着不容小觑的健康隐患，下面就让我们一起来探究一下：

1.粤式点心+茶饮料

一到晚上，很多白领都会去港式茶楼吃夜宵，而在夜宵的阵营里，粤式点心可谓是当之无愧的领军者，虾饺、烧麦、叉烧包、凤爪、肠粉等数不胜数。但是在这些美食面前，大家一定要考虑自身的喜好和身体状况，选择适合自己的点心。如果馅料过甜，就会让你摄取过多的热量，而夜间吃油炸食品也不利于身体健康。当然在选择搭配点心的饮料上也很有讲究，应尽量避免茶类饮料，哪怕是凉茶也最好不要，最好选择果汁或是矿泉水。

2.十个烤串，外加一盘花生

在路边的大排档里，几乎随处可见的夜宵食物就是，烤串外加几个小菜，而这也是广大豪爽男士们最为熟悉的了。他们当中很多人都喜欢把花生、毛豆当作小菜，就着烤串一起吃，因为他们认为烤肉是高脂肪的荤食，如果配以花生、毛豆之类的"素食"，就可以满足荤素搭配的原则了。

但是，事实却恰好相反。作为榨油的原材料，花生和毛豆的脂肪含量与肉类不相上下。如果你吃了10个烤串，那么热量已经超过5碗米饭，要是再加上一盘花生或是一盘毛豆，热量就会严重超标。

3.空腹吃甜品

对于大多数讲究生活质量的人们来说，甜汤以及各种奶品口感爽滑、滋味甜美，是他们的至爱。但是，切记不要空腹吃甜品，因为这样会导致胃酸过多，从而引起胃部不适。所以，吃甜品的最佳时机应该是在吃完晚餐或者其他夜宵之后，这样就会减少体内脂肪的积累，从而不易破坏体形。

方法6

合理饮食，生活规律，预防上火

无论是工作、事业还是爱情，总有一个会是你着急上火的理由。再加上当今社会，有些人的生活习惯越来越没有规律，使上火成为一件稀松平常的事情。所以，日常生活中，我们应该多吃一些具有去火功效的食物。当工作压力过大或生活极其不规律时，我们就容易"上火"。因此，我们不仅要保持科学且有规律性的生活，更要多吃一些"清火"的食物，或者依照医生的指示服用药物，但切不可自己随意买药并服用。

1.调节情绪，多吃青菜

多吃"清火"的食物，诸如新鲜的绿叶蔬菜、黄瓜、橙子、绿茶等，而胡萝卜也有助于补充人体所需的维生素B以及避免口唇干裂。与此同时，夏桑菊冲剂、金菊冲剂等各类清凉冲剂，也对"清火"颇有作用。

蔬果为人体提供了以下的营养物质：

1) 维生素C

2) 类胡萝卜素，但就番茄而言，则是番茄红素

3）多酚类保健成分，主要是类黄酮

4）钾

5）膳食纤维

在"上火"期间，忌吃辛辣食物，也不可喝酒、抽烟和熬夜，而是应该注意保持口腔卫生，勤漱口、多喝水，并依照医生的指示，服用"清火"药物。如果"上火"症状较为明显，且持续一周以上也没见有好转的趋势，那就需要及时到医院就诊。专家特别提醒广大的市民朋友们，千万不要自己随意服用"清火"药物，因为这可能造成适得其反的效果。

当然，调节自己的情绪也是至关重要的。焦躁易怒的情绪如同"火上浇油"，只有心情舒畅，才能够调节体内的"火气"。

此外，如果出现口腔溃疡，且病情较为严重，一周以上没有好转的话，应当及时到医院接受专业的诊断与治疗。因为口腔溃疡的产生并不一定是因为"火气大"，也有可能是被病毒感染，或是与激素以及遗传有关。口腔溃疡的产生象征着身体开始变弱，所以当发现口腔溃疡，且患者同时感到身体异常疲乏时，那就应该好好检查一下自己营养摄入是否均衡，休息是否充足等，并及时补充适量的维生素和矿物质。

2.水果去火 食用慎重

何谓"火"？中医认为，"火"乃六淫之一，是疾病产生的原因之一，种类众多，分为心火、肝火、胃火、肺火、肾火，等等。

如同"火"字的千变万化一样，水果去火里面也是很有讲究的。

香蕉是公认的去火最佳食物。而中医也认为，香蕉虽性味甘寒微涩，但具有清热止渴、清胃凉血、润肠通便、降压利尿等功效。特别是对于那些口干舌燥、阴虚肠燥或是血热气滞的患者效果尤为显著。但是，一旦脾胃素虚、阳气不足的人食用过多的香蕉，就会产生适得其反的效果，造成虚火更旺。

西瓜是败火的宠儿。在民间流传着这样一种说法："吃上两块瓜，药物不用抓"，由此可见，西瓜对于清热止渴、养心安神、除忧解烦等都有很大的作用，然而，对于脾胃虚寒、寒积冷痛、便溏尿清的人来说，最好避免食用西瓜。

再以荔枝为例，多吃荔枝容易上火。比如妊娠、出血及湿热性患者，如果食用过多荔枝，就会出现上火症状，诸如烦热、口渴、恶心、乏力等，严重者甚至还会出现出血及昏迷的现象。而过量食用苹果、橘子和梨，也会发生这样的情况。

3.鸭肉可补虚生津，清热去火

末代皇帝溥仪在《我的前半生》一书中这样写道，早膳内容为"三鲜鸭子"、"鸭条溜海鲜"等，而隆裕太后每月会食用至少30只鸭子，究竟是什么原因让帝王之家如此钟爱鸭肉呢？

肉禽类食品大多具有温热性，但鸭肉不同，其最大的特点就是不温不热，具有清热去火的功效，所以在春夏这种容易上火的季节里，宜多吃鸭肉。《本草纲目》中对鸭肉也有过这样的记载："填骨髓、长肌肉、生津血、补五脏。"由此可见，鸭肉具有补虚生津、利尿消肿等功效，适用于由阴虚内热所引起的低烧、便秘、食欲不振、干咳痰稠等症状。而且营养分析还表明，与其他肉类相比，鸭肉中胆固醇含量相对较低，所以胖人想要一饱口福时，可以吃些柴鸭或是瘦鸭。

鸭肉的吃法五花八门，其中尤以南方人更善吃鸭。仅南京而言，就有板鸭、盐水鸭、黄焖鸭等多种做法，更有炒鸭肝、扒鸭掌等不同吃法。但是鸭肉性寒，所以对于那些脾胃虚寒、腹部冷痛、因寒痛经者来说，不宜过多食用鸭肉。

下面为大家介绍两种吃鸭的秘方：

1) 滋阴清热方

具体做法：准备一只瘦鸭，去除其头部及内脏，切块，放入锅中炖煮。半熟后，加入500克荸荠，50克菊花，50克荷叶，用纱布包好，小火炖熟后，撇去浮油，依个人喜好加入配料，吃肉喝汤。

适用症状：由阳热亢盛、阴液亏虚所引起的头晕、头痛、便秘等症状。

2) 清热健脾方

具体做法：准备一只老鸭，将其洗净切块，并保留鸭内金。放入锅中炖煮，半熟时加入100克鲜藕，50克黑木耳，然后继续小火炖熟，吃肉喝汤。注意，调料中少用温热之物，诸如花椒、大料、桂皮、干姜等。

适用症状：由脾胃有热所引起的恶心干呕、口舌生疮、食欲不振、口干舌燥等症状。

所以说，要想预防上火，必须多加注意饮食，要以清淡为主，少吃或尽量不吃偏辣食物。

方法 7

饮食习惯很重要

所谓饮食习惯，就是指人们对食物和饮品的偏好，其中包括对饮食材料、烹调方法、烹调风味、作料以及饮食时间与方式的偏好。饮食习惯是饮食中不可或缺的元素之一。

如果按照人均寿命70岁来计算的话，那么一个人一生中吃掉的食物将达到60~70吨，其中，饮用水占了大部分，除此之外大多是植物和动物食品。

人们依靠口腔的咀嚼以及胃肠的消化与吸收，摄入每日三餐吃进的各种食物中的营养素并以此来维持人体的生命活动。

现在你所吃的每一种食物，都关系到你未来的健康状况，即现在的每日三餐其实都在帮助你塑造自己的身体和健康。除了我们在上节中介绍的饮食均衡外，良好的饮食习惯也有益于我们的身体健康。

随着经济的高速发展，人们通常在白天不吃饭或吃得少，待到晚上时便大吃大喝一番，然而这种习惯对人体健康十分有害。因为此时我们的肌体处于休息状态中，食物中的热量被吸收后无法通过活动得以消耗，反而转化为脂肪储存起来。

饮食恶习1：边整理厨房边吃东西

勤俭节约的妈妈们，经常在饭后整理厨房时，心里暗暗叹息道："这么多食物的下脚料，如果扔掉的话该多浪费啊。"于是，她们就会将这些食物全部吃掉。同理，不管是站在电冰箱前，还是炉子前，一边准备饭菜一边吃着各种食材，也会在不知不觉中增加人体对卡路里的摄入。

饮食恶习2：吃饭过快

在一项测量被调查者吃下一大盘意大利面后摄入卡路里的含量的研究中表明，狼吞虎咽的人平均在9分钟内摄入646卡路里；而细嚼慢咽的人平均在29分钟内摄入579卡路里。而且，快速吃饭还容易导致消化不良以及胃痛等症状。

饮食恶习3：在办公室里吃零食

办公室提供的免费食品也易增加人体对卡路里的摄入。无论是早上开会时免费的奶油夹心小饼干，还是午间休息时免费的各种饮品，仿佛整个工作时间就是一个不断摄入卡路里的过程。由于难以抵御免费食物的诱惑，人们在办公室里常常会食欲大增。而那些靠近办公室果盘工作的人，往往会在不经意间吃下许多糖果，但他们却不知道自己到底吃了多少。

饮食恶习 4：咀嚼就下咽

食物在没有经过充分的咀嚼就被咽下后，在体内很难得到完全分解。因为，咀嚼可以增加食物与唾液中消化酶的接触面积。通常情况下，最好至少咀嚼 25 次以上，使食物成糊状。

饮食恶习 5：外出吃饭频率过高

外出就餐频率过高，容易导致身体肥胖、脂肪增多以及身体其他各项指数大幅上升。如果一位女士每周外出就餐 6 至 13 次，那么平均算来，她每天就会多摄入能量 290 卡路里。

饮食恶习 6：边看电视边吃饭

边看电视边吃饭是导致肥胖产生的另一危险因素，对于青少年来说更是如此。同时，它具有双重危害：一是会无意识地增加饮食，二是会将原本用来进行消耗卡路里的活动时间占用掉。

也许你也拥有这些不良的饮食习惯，但是不必过虑，因为只要自身的饮食理念改变了，饮食习惯自然也会随之改变。遵循以下几条小小的建议，让你的饮食习惯越来越健康吧。

优良习惯 1：多餐少食

有规律地按时吃饭是控制食欲的关键所在，而且还要注意，每顿饭都要饥饱适宜。专家们建议，除了每日三餐之外，最好另加两顿便餐，食量中等即可。尤科贯博士进一步表示：对于加餐来说，两餐之间加一杯饮品，诸如香茶、果汁或其他低热量饮料等，都是一种不错的选择。

优良习惯 2：懂得节制

在某些特殊的场合下，面对你最喜爱的食物，无须避而不食，但要注意节制。相较于狼吞虎咽大吃一番，细嚼慢咽小口品尝也会获得相同的满足感。

当然，餐前吃一些低热量食品，也会有助于抑制食欲。除此之外，如果抵挡不住餐后甜点的诱惑，与大家一道分享也是个上乘方法。

优良习惯3：多吃果蔬

食物中富含纤维，则易使人产生饱腹感。所以，最适宜的餐前小菜，当属色拉或蔬菜汤；而在饭后吃一片水果也再合适不过。但是需要注意的是，上述食物的热量均不能超过200千卡。

优良习惯4：适时喝水

水对节食也大有效果。饭前喝一杯，餐中再来一杯等，都有助于抑制食欲。

优良习惯5：改变食谱

改变食谱，以有利于健康的食物代替高脂肪、高糖量的食物，以此达到抑制食欲的目的。在最初的1~2个星期内，你可能会因此倍感郁闷，但时间一长，你就会逐渐适应，而这种感觉也会消失不见。